가우스가 들려주는 수열 이야기

가우스가 들려주는 수열 이야기

ⓒ 정완상, 2010

초 판 1쇄 발행일 | 2005년 3월 26일
개정판 1쇄 발행일 | 2010년 9월 1일
개정판 15쇄 발행일 | 2021년 5월 28일

지은이 | 정완상
펴낸이 | 정은영
펴낸곳 | (주)자음과모음

출판등록 | 2001년 11월 28일 제2001-000259호
주   소 | 04047 서울시 마포구 양화로6길 49
전   화 | 편집부 (02)324-2347, 경영지원부 (02)325-6047
팩   스 | 편집부 (02)324-2348, 경영지원부 (02)2648-1311
e-mail | jamoteen@jamobook.com

ISBN 978-89-544-2005-1 (44400)

가우스가 들려주는
수열 이야기

| 정완상 지음 |

|주|자음과모음

가우스를 꿈꾸는 청소년을 위한 '수열' 이야기

초등학교 1학년 때, 1부터 100까지의 합을 몇 초 만에 계산한 천재 수학자 가우스!

그가 수학에 끼친 영향은 이루 헤아릴 수 없을 정도로 많습니다. 이 책은 그의 수학적인 업적 중에서 일정한 규칙으로 나열된 수열 이론에 대해 자세하게 소개합니다. 초등학교와 중학교에 수열이라는 용어는 나오지 않지만 수열을 이용한 문제들은 간간이 나타나므로 수학 영재의 꿈꾸는 청소년에게는 이 책이 도움을 줄 수 있다고 생각합니다.

저는 KAIST에서 이론 물리학을 공부하고 대학에 와서 물리학과 수학을 가르쳐 왔습니다. 그래서 그동안 대학에서 연구한 내용과 강의했던 내용을 토대로 이 책을 쓰게 되었습니다.

이 책은 가우스가 한국에 와서 여러분에게 9일간의 수업을 통해 수열을 강의하는 것으로 설정되어 있습니다. 가우스는 여러분에게 질문을 하며 간단한 일상 속의 실험을 통해 수열을 가르치고 있습니다.

물론 수열은 고등수학의 내용이라 어렵게 생각할 수 있습니다. 하지만 많은 청소년들이 수의 규칙성에 관심을 가지고 있는 만큼, 그들에게 수열의 원리를 소개하는 것도 나쁘지 않다고 생각합니다.

이 책을 읽고 수열 이론을 잘 이해하여, 한국에서도 언젠가는 가우스 같은 훌륭한 수학자가 나오길 간절히 바랍니다.

끝으로 이 책을 출간할 수 있도록 배려하고 격려해 준 강병철 사장님과, 예쁜 책이 될 수 있도록 수고해 주신 편집부 모든 식구들에게 감사드립니다.

정 완 상

차례

1 첫 번째 수업

차이가 일정한 수열 ○ 9

2 두 번째 수업

비의 값이 일정한 수열 ○ 21

3 세 번째 수업

피보나치수열 ○ 31

4 네 번째 수업

이상한 규칙을 갖는 수열 ○ 45

5 다섯 번째 수업

수열 더하기 ○ 59

6 /여섯 번째 수업

등비수열 무한히 더하기 ◦ 77

7 /일곱 번째 수업

순환소수를 분수로 바꿀 수 있을까요? ◦ 91

8 /여덟 번째 수업

끝없이 더하면 항상 무한대가 될까요? ◦ 103

9 /마지막 수업

원주율을 수열로 나타낼 수 있을까요? ◦ 117

부록

시퀀스피아 대모험 ◦ 125
수학자 소개 ◦ 160
수학 연대표 ◦ 162
체크, 핵심 내용 ◦ 163
이슈, 현대 수학 ◦ 164
찾아보기 ◦ 166

차이가 일정한 수열

일정한 숫자가 더해지는 수들로부터 다음 수를 예측할 수 있을까요?
차이가 일정한 수들의 규칙을 알아봅시다.

1

첫 번째 수업

차이가 일정한 수열

교과연계.

초등 수학 3-1	2. 덧셈과 뺄셈
	6. 곱셈
고등 수학 Ⅰ	Ⅲ. 수열
고등 수학의 활용	Ⅲ. 수열

가우스가 손에 숫자 카드를 쥐고
첫 번째 수업을 시작했다.

가우스가 카드 더미에서 몇 장의 카드를 뽑으면서 말했다.

오늘은 수들이 어떤 규칙을 가지고 있을 때 다음 수를 예측하는 방법에 대해 알아보도록 하겠습니다. 다음 수들을 보세요.

여러분은 7 다음 수가 9라는 것을 쉽게 알 수 있습니다. 그것은 이 수들이 어떤 규칙을 가지고 배열되어 있기 때문입니다. 이렇게 어떤 규칙으로 배열되어 있는 수들을 수열이라고 합니다.

어떤 규칙이 있을까요?

$$3 = 1 + 2$$
$$5 = 3 + 2$$
$$7 = 5 + 2$$

아하! 바로 앞의 수에 2를 더하면 다음 수가 나타나는군요. 그러니까 7 다음의 수는 $7 + 2 = 9$가 됩니다.

이번에는 주어진 수에서 그 앞의 수를 뺀 값을 적어 봅시다.

$$3 - 1 = 2$$
$$5 - 3 = 2$$
$$7 - 5 = 2$$

아하! 주어진 수에서 그 앞의 수를 뺀 값은 항상 2가 되는군요. 이렇게 두 수의 차이가 일정한 규칙을 가진 수열을 등차수열이라고 합니다. 그리고 2처럼 두 수의 공통인 차이를 공차라고 합니다. 이렇게 수열을 이루고 있는 하나하나의 숫자를 항이라고 합니다. 그러니까 이 수열에서 1은 제1항, 3은 제2항, 5는 제3항이라고 하지요.

2부터 시작해서 공차가 3인 등차수열을 써 보면 다음과 같이 됩니다.

가우스가 숫자 카드를 펼쳤다.

이 수열에서 제100항을 구할 수 있을까요? 14 + 3 = 17, 17 + 3 = 20, 이런 식으로 하면 시간이 너무 많이 걸리겠지요? 그러니까 규칙을 찾아봅시다.

제1항 = 2
제2항 = 5 = 2 + 3

제3항 = 8 = 5 + 3

제4항 = 11 = 8 + 3

제3항에서 5를 2+3으로, 제4항에서 8을 5+3으로 쓰면 다음과 같이 됩니다.

제1항 = 2

제2항 = 5 = 2 + 3

제3항 = 8 = 5 + 3

제4항 = 11 = 5 + 3 + 3

다시 제3항에서 5를 2+3으로 쓰면 다음과 같이 되지요.

제1항 = 2

제2항 = 5 = 2 + 3

제3항 = 8 = 2 + 3 + 3

제4항 = 11 = 2 + 3 + 3 + 3

규칙이 보이죠? 제2항은 제1항에 3을 1번 더하면 되고 제3항은 제1항에 3을 2번 더하면 됩니다. 똑같은 수를 더하는 것을 곱으로 나타낼 수 있지요. 그럼 다음과 같이 됩니다.

제1항 = 2

제2항 = 5 = 2 + 3 × 1

제3항 = 8 = 2 + 3 × 2

제4항 = 11 = 2 + 3 × 3

점점 규칙이 보이는군요. 그러니까 제4항은 제1항에 공차의 3배를 더한 수입니다. 위의 규칙대로라면 제100항은 제1항에 공차의 99배를 더하면 되겠군요. 그러니까 다음과 같습니다.

제100항 = 2 + 3 × 99 = 299

그러니까 이 수열의 100번째 항은 299가 됩니다. 이렇게 수들 사이에 일정한 규칙이 있는 수열에서는 제1항으로부터 임의의 항을 찾을 수 있답니다.

등차수열 찾기

이번에는 도형을 통해 어떤 규칙을 찾아보도록 하겠어요.

가우스는 학생들 앞에 N자 모양으로 생긴 떡을 가지고 나왔다.

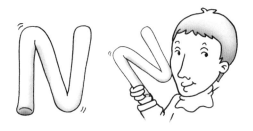

　N자 모양은 평행한 직선 2개와 비스듬한 1개의 직선으로 이루어져 있지요. 그럼 이 떡을 2개의 평행한 직선과 수직이 되게 하여 10개의 직선으로 자르면 몇 조각으로 나누어질까 요?

　학생들은 잠시 주춤거렸다. 왜냐하면 규칙을 찾지 못했기 때문이 었다. 그러자 가우스가 말을 이었다.

　처음부터 답이 뭔가를 생각하지 말고 규칙을 찾으세요. 규 칙은 자르는 직선의 개수가 작을 때부터 따지면 됩니다. 먼 저 하나의 직선으로 자를 때를 봅시다.

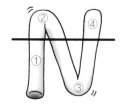

4개의 조각으로 나누어지는군요. 2개의 직선으로 잘라 봅시다.

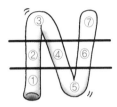

7개의 조각으로 나누어지는군요. 3개의 직선으로 잘라 봅시다.

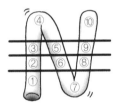

10개의 조각으로 나누어지는군요. 이제 자르는 직선의 개수와 만들어진 조각의 개수를 나열해 봅시다.

직선 1개 : 조각의 수 4개

직선 2개 : 조각의 수 7개

직선 3개 : 조각의 수 10개

아하! 직선이 1개 늘어날 때마다 잘라진 조각의 수는 3개씩 늘어나는군요. 그러니까 이 수열은 공차가 3인 등차수열입니다.

4, 7, 10, …

그럼 10개의 직선으로 자를 때는 이 수열의 제10항을 찾으면 됩니다. 그러므로 다음과 같이 됩니다.

제10항 = 4 + (10 − 1) × 3 = 31

따라서 N자 모양을 10개의 직선으로 잘랐을 때 생기는 조각의 수는 모두 31개입니다.

여기 뒤집혀 있는 카드에 어떤 숫자가 적혀 있는지 맞춰 보세요.

에이~, 그걸 어떻게 알아요.

알 수 있죠. 수들이 어떤 규칙을 가지고 있을 때 다음 수를 예측하는 방법이 있는데, 수열을 이용하면 가능해요.

수열이요?

네. 이 수들은 어떤 규칙을 가지고 배열되어 있어요. 이렇게 어떤 규칙으로 배열되어 있는 수들을 수열이라고 하죠.

그럼 여기에는 어떤 규칙이 있는데요?

이렇게 바로 앞의 수에 3을 더하면 다음 수가 나타나요. 그럼 13의 다음 수는 13+3=16이 되겠죠.

정말 그렇군요.

10=7+3
13=10+3
16=13+3

주어진 수에서 앞의 수를 뺀 값이 항상 3이 돼요!

네. 이렇게 두 수의 차이가 일정한 수열을 등차수열이라고 해요.

10-7=3
13-10=3
16-13=3

그리고 3처럼 두 수의 공통인 차이를 공차라고 하죠. 또 수열을 이루고 있는 하나하나의 숫자를 항이라고 해요. 그러니까 이 수열에서 7은 제1항, 10은 제2항, 13은 제3항이라고 하죠.

7 - 제1항
10 - 제2항
13 - 제3항
⋮

2

비의 값이 **일정**한 **수열**

일정한 수가 곱해지는 경우 다음 수를 예측할 수 있을까요?
두 수의 비가 일정한 수들 사이의 규칙을 찾아봅시다.

2

두 번째 수업

비의 값이 일정한 수열

교.	초등 수학 3-1	4. 나눗셈
과.		6. 곱셈
연.	초등 수학 5-1	7. 분수의 곱셈
계.	중등 수학 1-1	Ⅰ. 집합과 자연수
	고등 수학 Ⅰ	Ⅲ. 수열
	고등 수학의 활용	Ⅲ. 수열

가우스는 지난 시간의 내용을
복습하면서 두 번째 수업을 시작했다.

지난 시간에는 앞의 수에 일정한 수를 더하면 그 다음 수가
나타나는 수열에 대해 공부했어요. 하지만 수들 사이의 규칙
이 이것만 있는 것은 아니지요. 오늘은 다른 규칙을 따르는
수들 사이의 관계에 대해 알아보기로 하겠습니다.

다음 수열의 수들 사이에는 어떤 규칙이 있을까요?

1, 2, 4, 8, 16, …

16 다음에 올 수는 무엇일까요? 주어진 수들 사이에 어떤

규칙이 있는지 알아봅시다.

$$2 = 1 \times 2$$
$$4 = 2 \times 2$$
$$8 = 4 \times 2$$
$$16 = 8 \times 2$$

아하! 앞의 수에 2를 곱한 수가 다음 수가 되는군요. 그러니까 16 다음에 올 수는 $16 \times 2 = 32$입니다. 이번에는 이웃하는 두 수를 나누어 봅시다.

$$2 \div 1 = 2$$
$$4 \div 2 = 2$$
$$8 \div 4 = 2$$
$$16 \div 8 = 2$$

어떤 수를 바로 앞의 수로 나눈 값이 2로 일정하군요. 이렇게 이웃하는 두 수의 비가 일정한 값이 되는 수열을 등비수열이라고 하고, 일정한 비의 값을 공비라고 합니다. 그러니까 이 등비수열의 공비는 2가 되지요.

이번에는 제1항이 2이고 공비가 3인 등비수열을 살펴봅시다. 3씩 곱해지니까 다음과 같습니다.

2, 6, 18, 54, …

이 수열의 제10항은 무엇일까요? 계속 3씩 곱하면 찾을 수 있습니다. 하지만 다른 규칙을 찾아봅시다.

제1항 = 2
제2항 = 6 = 2 × 3
제3항 = 18 = 6 × 3
제4항 = 54 = 18 × 3

제3항에서 6을 2×3으로, 제4항에서 18을 6×3으로 쓰면 다음과 같이 됩니다.

제1항 = 2
제2항 = 6 = 2 × 3
제3항 = 18 = 2 × 3 × 3
제4항 = 54 = 6 × 3 × 3

다시 제4항에서 6을 2×3으로 쓰면 다음과 같이 되지요.

제1항 = 2
제2항 = 6 = 2 × 3
제3항 = 18 = 2 × 3 × 3

제4항 = 54 = 2 × 3 × 3 × 3

규칙이 보이지요? 제2항은 제1항에 3을 1번 곱하면 되고 제3항은 제1항에 3을 2번 곱하면 됩니다. 똑같은 수를 곱하는 것을 거듭제곱으로 나타낼 수 있습니다. 그러니까 $3 \times 3 = 3^2$이고 $3 \times 3 \times 3 = 3^3$으로 나타낼 수 있지요. 그럼 다음과 같이 됩니다.

제1항 = 2
제2항 = 6 = 2 × 3
제3항 = 18 = 2 × 3^2
제4항 = 54 = 2 × 3^3

아하! 그러니까 제10항은 제1항에 3을 9번 곱하면 되니까 $2 \times 3^9 = 39366$이 됩니다. 이렇게 규칙을 알면 일일이 계산하지 않고도 수열의 항들을 알 수 있답니다.

등비수열 찾기

다음 상황에서 규칙을 찾아봅시다.

가우스는 기다란 빵을 1개 가지고 왔다.

이 빵의 길이는 729mm입니다. 처음 자를 때는 이 빵을 3등분하고 그 중간 부분을 우리가 먹을 것입니다. 두 번째로 자를 때는 남은 2조각을 각각 3등분하고 중간 부분을 먹을 것입니다. 이런 식으로 여섯 번을 자른 후 남은 빵의 길이는 얼마가 될까요?

__ 직접 먹어 보고 남은 빵의 길이를 재 보면 되겠네요.

빵을 보고 군침을 흘리던 진우가 대답했다.

하지만 그것은 수학적 방법이 아닌 것 같군요. 이렇게 빵을 자를 때 남는 빵의 길이에 대한 규칙을 찾아보도록 합시다. 우선 두 번째로 자를 때까지를 그림으로 나타내 봅시다.

처음 자를 때는 전체 길이의 $\frac{2}{3}$가 남습니다. 그러니까 처음

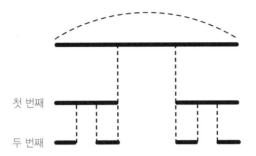

자른 후 남아 있는 빵의 길이는 $729 \times \dfrac{2}{3}$입니다. 두 번째로 자른 후 우리는 남아 있는 빵의 $\dfrac{1}{3}$을 먹어치우게 되므로 남아 있는 빵은 $729 \times \dfrac{2}{3}$의 $\dfrac{2}{3}$입니다. 그러니까 $729 \times \dfrac{2}{3} \times \dfrac{2}{3}$가 됩니다. 이 결과를 정리하면 다음과 같습니다.

처음 빵의 길이 = 제1항 = 729

처음 자른 후 남은 빵의 길이 = 제2항 = $729 \times \dfrac{2}{3}$

두 번째로 자른 후 남은 빵의 길이 = 제3항 = $729 \times \dfrac{2}{3} \times \dfrac{2}{3}$

아하! 그러니까 제1항이 729이고 공비가 $\dfrac{2}{3}$인 등비수열이 되는군요. 그렇다면 여섯 번을 자른 후 남은 빵의 길이는 이 수열의 제7항이 됩니다. 그러니까 729에 $\dfrac{2}{3}$를 6번 곱하면 되지요. 그럼 남은 빵의 길이는 다음과 같습니다.

$$729 \times \frac{2}{3} \times \frac{2}{3} \times \frac{2}{3} \times \frac{2}{3} \times \frac{2}{3} \times \frac{2}{3} = 64\text{(mm)}$$

가우스와 학생들은 빵을 이 규칙대로 6번 자르며 먹어보기로 했다.
6번을 자른 후 남아 있는 빵의 길이를 자로 재어 보니 정확하게
64mm였다.

만화로 본문 읽기

이런, 맨 끝수가 지워졌잖아. 어쩌지?

딸깍

누구요?

아, 그게 다름이 아니라… 이 숫자 다음에 들어갈 수가 궁금해서요.

음, 등비수열이군요.

1, 2, 4, 8, 16, ?

험, 설명하자면 각 수들을 앞의 수로 나누어 보면 일정한 규칙이 있다는 걸 알 수 있습니다.

$2 \div 1 = 2$
$4 \div 2 = 2$
$8 \div 4 = 2$
$16 \div 8 = 2$

아, 모두 2가 되네요.

그렇죠. 어떤 수를 바로 앞의 수로 나눈 값이 일정한 경우, 즉 이웃하는 두 수의 비가 일정한 값이 되는 수열을 등비수열이라고 하죠.

아하~!

이때 일정한 비의 값을 공비라고 합니다.

그렇다면 16으로 나눴을 때 2가 되는 수는 32이니까 다음은 32가 되겠네요.

딸깍

선생님, 정말 감사합니다.

오~ 노~~!

3

피보나치수열

앞의 두 수의 합이 그 다음 수를 만들어 내는 수열은 어떤 모습일까요?
피보나치수열에 대해 알아봅시다.

3

세 번째 수업

피보나치수열

교. 과. 연. 계.	초등 수학 3-1	2. 덧셈과 뺄셈
	초등 수학 3-2	4. 나눗셈
	고등 수학 1-1	II. 문자와 식
	고등 수학 I	III. 수열

가우스가 피보나치수열을 설명하며
세 번째 수업을 시작했다.

오늘은 재미있는 피보나치수열에 대해 공부할 거예요. 피보나치(Leonardo Fibonacci, 1170~1250?)는 이탈리아의 유명한 수학자랍니다. 이제 피보나치수열이 어떤 수열인지 알아봅시다.

귀여운 아기 토끼 1마리가 있어요. 이 토끼는 혼자서 새끼를 낳는다고 합시다. 그런데 1달 동안 자라고 2달째부터 매달 새끼를 1마리씩 낳는다고 합시다. 그럼 매달 토끼가 몇 마리씩 될까요?

이 토끼 인형이 1월에 갓 태어난 토끼라고 합시다. 그러니까 아기 토끼이지요.

가우스는 아기 토끼 인형 하나를 학생들 앞에 꺼냈다.

2월에는 아기 토끼가 1달 동안 자랐습니다. 그러니까 어른 토끼가 되었군요.

가우스는 아기 토끼 인형을 어른 토끼 인형으로 바꾸었다.

3월에는 어른 토끼가 새끼를 낳습니다.

3월에는 토끼가 모두 2마리이군요.

4월에는 어떻게 될까요? 아기 토끼는 어른 토끼가 되고 어른 토끼는 또 1마리의 아기 토끼를 낳습니다.

4월에는 토끼가 모두 3마리가 되었어요.

5월을 봅시다. 어른 토끼 2마리가 아기 토끼 2마리를 낳습니다. 그리고 아기 토끼는 어른 토끼가 됩니다. 그러니까 어른 토끼는 3마리가 되고 아기 토끼는 2마리가 되는군요.

그럼 5월에는 토끼가 모두 5마리가 됩니다.

6월에는 어떻게 될까요? 어른 토끼 3마리가 모두 아기를 낳으니까 아기 토끼는 3마리가 태어납니다. 그리고 5월에 태어난 아기 토끼 2마리는 모두 어른 토끼가 됩니다. 그러니까 어른 토끼는 모두 5마리가 되고 아기 토끼는 3마리가 됩니다.

6월에는 모두 8마리가 되었군요.

지금까지의 내용을 표로 정리하면 다음과 같습니다.

1월	2월	3월
4월	5월	6월

이제 어른 토끼, 아기 토끼를 가리지 않고 토끼의 수를 차례로 쓰면 다음과 같습니다.

1, 1, 2, 3, 5, 8, …

이 수열을 처음 발견한 사람이 피보나치입니다. 그래서 이것을 피보나치수열이라고 합니다. 이 수들의 나열은 어떤 규칙이 없어 보입니다. 수열이 되려면 수들 사이에 규칙이 있어야 할 텐데 말입니다. 하지만 유심히 들여다보면 이 수들 사이에 규칙이 있다는 것을 알 수 있습니다.

한번 찾아볼까요?

제1항과 제2항을 더해 봅시다.

$1 + 1 = 2$

제3항이 나오는군요. 제2항과 제3항을 더해 봅시다.

$1 + 2 = 3$

제4항이 나오는군요. 제3항과 제4항을 더해 봅시다.

$2 + 3 = 5$

제5항이 나오는군요. 제4항과 제5항을 더해 봅시다.

$3 + 5 = 8$

제6항이 나오지요? 아하, 드디어 규칙을 찾았습니다. 앞의 두 항을 더한 수가 그 다음 항이 됩니다.

이런 규칙을 가지고 있는 수열이 바로 피보나치수열입니다. 그러니까 이 수열의 제7항은 제5항과 6항의 합인 13이 됩니다.

피보나치수열의 신비

피보나치수열에는 신비한 성질들이 많이 있답니다. 다음 피보나치수열을 살펴봅시다.

1, 1, 2, 3, 5, 8, 13, 21, 34, …

이 수열의 제5항인 5부터는 재미난 규칙을 찾을 수 있습니다. 제5항을 제3항으로 나눈 몫과 나머지를 구해 봅시다.

$5 \div 2 = 2 \cdots 1$

제6항을 제4항으로 나눈 몫과 나머지를 구해 봅시다.

$8 \div 3 = 2 \cdots 2$

제7항을 제5항으로 나눈 몫과 나머지를 구해 봅시다.

$13 \div 5 = 2 \cdots 3$

제8항을 제6항으로 나눈 몫과 나머지를 구해 봅시다.

$21 \div 8 = 2 \cdots 5$

제9항을 제7항으로 나눈 몫과 나머지를 구해 봅시다.

$$34 \div 13 = 2 \cdots 8$$

어떤 규칙이 있는지 알겠지요? 몫이 항상 2가 됩니다. 그리고 나머지를 차례로 써 보면 다음과 같습니다.

1, 2, 3, 5, 8, …

아하! 나머지들이 다시 피보나치수열이 되는군요. 이것이 피보나치수열의 신기한 성질입니다.

이번에는 피보나치수열의 두 번째 신기한 성질을 찾아봅시다. 이웃한 두 항을 나누어 분수로 나타내 봅시다.

제2항 ÷ 제1항 = 1

제3항 ÷ 제2항 = 2

제4항 ÷ 제3항 = $\dfrac{3}{2}$

제5항 ÷ 제4항 = $\dfrac{5}{3}$

자연수는 분모가 1인 분수로 나타낼 수 있습니다. 즉 $1 = \dfrac{1}{1}$로 나타낼 수 있지요. 그럼 위의 분수를 1과 다른 분수의 합으로 나타내 봅시다.

제2항 ÷ 제1항 = 1 = $\dfrac{1}{1}$

제3항 ÷ 제2항 = $2 = 1 + \dfrac{1}{1}$

제4항 ÷ 제3항 = $\dfrac{3}{2} = 1 + \dfrac{1}{2}$

제5항 ÷ 제4항 = $\dfrac{5}{3} = 1 + \dfrac{2}{3}$

여기서 두 번째 식 $2 = 1 + \dfrac{1}{1}$을 세 번째 식에 넣어 보면 다음과 같이 됩니다.

제2항 ÷ 제1항 = $1 = \dfrac{1}{1}$

제3항 ÷ 제2항 = $2 = 1 + \dfrac{1}{1}$

제4항 ÷ 제3항 = $\dfrac{3}{2} = 1 + \dfrac{1}{1 + \dfrac{1}{1}}$

제5항 ÷ 제4항 = $\dfrac{5}{3} = 1 + \dfrac{2}{3}$

재미있는 규칙이 나올 것 같지요? 세 번째 식까지는 모두 1로 쓰여지는군요. 그럼 네 번째 식도 1로만 나타낼 수 있을까요? 다시 $\dfrac{2}{3}$를 분자가 1인 분수로 바꾸면 $\dfrac{1}{\dfrac{3}{2}}$이 됩니다.

이렇게 분자나 분모가 분수로 쓰여 있는 분수를 번분수라고 합니다. 그럼 $\dfrac{1}{\dfrac{3}{2}}$을 1만으로 나타낼 수 있을까요?

세 번째 식을 보면

$$\frac{3}{2} = 1 + \cfrac{1}{1+\cfrac{1}{1}} \text{이므로} \quad \frac{1}{\frac{3}{2}} \text{은} \quad \cfrac{1}{1+\cfrac{1}{1+\cfrac{1}{1}}}$$

로 쓸 수 있습니다. 그러니까 네 번째 식도 1만으로 나타낼 수 있습니다. 모두 써 보면 다음과 같이 됩니다.

제2항 ÷ 제1항 = $\dfrac{1}{1}$

제3항 ÷ 제2항 = $1+\dfrac{1}{1}$

제4항 ÷ 제3항 = $1+\cfrac{1}{1+\cfrac{1}{1}}$

제5항 ÷ 제4항 = $1+\cfrac{1}{1+\cfrac{1}{1+\cfrac{1}{1}}}$

아주 신기한 관계식이죠? 피보나치수열에는 이렇게 재미있는 성질들이 많이 있답니다.

수학자의 비밀노트

우리 몸은 황금 분할의 집합체

피보나치수열 1, 1, 2, 3, 5, 8, 13, 21, …에서 바로 인접한 2개 숫자의 비율은 황금 비율(1.618)에 가깝다.

이러한 황금 비율은 우리 몸의 곳곳에서 찾아볼 수 있다. 즉, 배꼽의 위치가 사람의 몸 전체를 황금 분할하고, 어깨의 위치가 배꼽 위의 상반신을, 무릎의 위치가 하반신을, 코의 위치가 어깨 위의 부분을 각각 황금 분할할 때, 가장 조화롭고 아름답다고 이야기한다.

선생님, 제가 저희 집의 토끼를 보고 신기한 수열을 발견했어요.

오호, 그래요? 어떤 수열인가요?

가령 혼자서 1달 동안 자라고 다음 달부터 매달 새끼를 낳는 토끼가 있다고 하면, 매달 그 토끼의 수를 수열로 나타낼 수 있는 거죠.

1월에 태어난 토끼는 자라서 3월에는 새끼를 낳죠.

응애!

그럼 3월에는 토끼가 모두 2마리고요.

4월에 아기 토끼는 어른 토끼로 자라고, 어른 토끼는 또 1마리를 낳아 총 3마리가 되고, 이런 식으로 점점 수가 늘어나는 거죠.

그래서 매달 토끼의 수를 수열로 나타내면 이런 신기한 수열이 나오게 되더라고요. 하하하!

험험, 저, 돌비 군….

1, 2, 3, 5, 8, 13 ……

그걸 바로 피보나치수열이라고 하는 거예요. 이탈리아의 피보나치라는 수학자가 발견했죠.

이럴 수가!!!

4

이상한 규칙을 갖는 수열

차가 일정하지도 않고 비가 일정하지도 않은 수열도 규칙이 있을까요?
신기한 규칙을 갖고 있는 수열에 대해 알아봅시다.

4

네 번째 수업

이상한 규칙을
갖는 수열

교.   초등 수학 3-1

과.   초등 수학 6-1

연.   중등 수학 1-1

계.   고등 수학 I

2. 덧셈과 뺄셈

3. 평면도형

1. 분수와 소수

I. 집합과 자연수

III. 수열

가우스가 즐거운 표정으로
네 번째 수업을 시작했다.

지금까지 앞의 항에 일정한 수를 더하는 규칙의 등차수열과 일정한 수를 곱하는 규칙을 갖는 등비수열에 대해 알아보았습니다.

오늘은 조금 더 복잡한 규칙을 갖는 수열에 대해 알아보겠습니다.

다음 수열을 살펴봅시다.

$$1, \quad 0.5, \quad \frac{1}{3}, \quad 0.25, \quad 0.2, \quad \cdots$$

이 수열의 제6항은 어떤 수가 될까요?

학생들은 두 항을 빼 보기도 하고 나눠 보기도 하면서 규칙을 찾아 보려고 했다. 하지만 쉽게 규칙을 알아내지 못했다.

분수와 소수가 섞여 있군요. 이럴 때는 하나로 통일하는 것이 좋습니다. 모든 수를 분수로 고쳐 봅시다.

$$1, \ \frac{1}{2}, \ \frac{1}{3}, \ \frac{1}{4}, \ \frac{1}{5}, \ \cdots$$

1을 분수로 나타내면 $\frac{1}{1}$ 이므로 위 수열은 다음과 같이 쓸 수 있습니다.

$$\frac{1}{1}, \ \frac{1}{2}, \ \frac{1}{3}, \ \frac{1}{4}, \ \frac{1}{5}, \ \cdots$$

아하! 규칙이 보이는군요. 이 수열의 제6항은 $\frac{1}{6}$ 입니다.

계차수열

가우스는 학생들을 데리고 계단으로 갔다. 각 계단에는 1부터 차례로 숫자가 적혀 있었다. 가우스는 처음 1이라고 적힌 계단에 올라섰다.

내가 있는 곳이 몇 번 계단입니까?

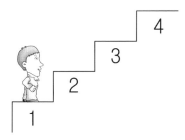

＿1번 계단입니다.

가우스는 1칸을 더 올라갔다.

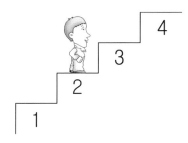

내가 있는 곳이 몇 번 계단입니까?

＿2번 계단입니다.

가우스는 다시 2칸을 한꺼번에 올라갔다.

내가 있는 곳이 몇 번 계단입니까?

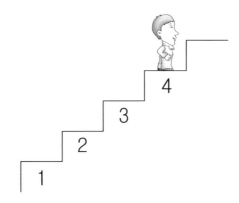

＿4번 계단입니다.

가우스는 이번에는 1칸을 더 늘려 3칸을 한꺼번에 올라갔다.

내가 있는 곳이 몇 번 계단입니까?

＿7번 계단입니다.

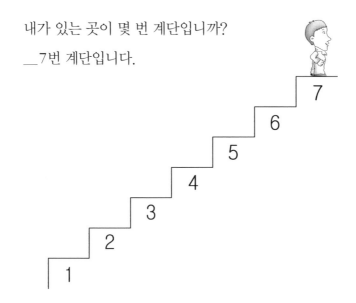

내가 있었던 계단의 번호를 쓰면 다음과 같이 됩니다.

1, 2, 4, 7, …

이 수열의 제5항은 무엇일까요?

학생들은 전혀 규칙을 찾지 못하는 표정이었다.

차근차근 규칙을 찾아봅시다. 이웃하는 항의 차이를 구해 보면 다음과 같습니다.

제2항 − 제1항 = 2 −1 = 1
제3항 − 제2항 = 4 −2 = 2
제4항 − 제3항 = 7 −4 = 3

규칙이 보이지요? 즉, 이웃하는 항의 차이가 1, 2, 3, …으로 변하는 규칙을 가지고 있습니다. 이렇게 이웃 항의 차이가 수열을 이루는 것을 계차수열이라고 합니다.

이제 규칙을 발견했습니다. 그러니까 제5항은 제4항에 4를 더한 수입니다. 제4항은 7이므로 제5항은 7 + 4 = 11이 됩니다.

이 규칙에 맞춰 몇 개의 항을 써 보면 다음과 같습니다.

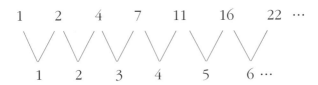

$$1 \quad 2 \quad 4 \quad 7 \quad 11 \quad 16 \quad 22 \cdots$$
$$\vee \quad \vee \quad \vee \quad \vee \quad \vee \quad \vee$$
$$1 \quad 2 \quad 3 \quad 4 \quad 5 \quad 6 \cdots$$

계차수열의 응용

가우스는 성냥개비가 가득 담긴 통을 가지고 왔다. 그리고 다음과
같이 정사각형을 만들었다.

몇 개의 성냥개비가 사용되었나요?
__4개입니다.

가우스는 작은 정사각형이 4개 생기는 모양을 만들었다.

몇 개의 성냥개비가 사용되었나요?

__ 12개입니다.

가우스는 다음과 같이 정사각형이 9개가 생기는 모양을 만들었다.

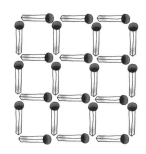

몇 개의 성냥개비가 사용되었나요?

__ 24개입니다.

가우스는 다음과 같이 정사각형이 16개가 생기는 모양을 만들었다.

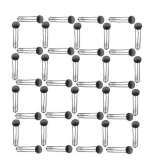

몇 개의 성냥개비가 사용되었나요?

__40개입니다.

이제 문제를 내겠어요. 작은 정사각형이 64개인 도형을 만들려면 몇 개의 성냥개비가 필요할까요?

학생들은 성냥개비를 이어붙여 정사각형을 만들고 있었다.

규칙을 찾으세요. $64 = 8 \times 8$입니다. 그러니까 $64 = 8^2$이지요. 지금까지 만든 도형을 함께 놓아 봅시다.

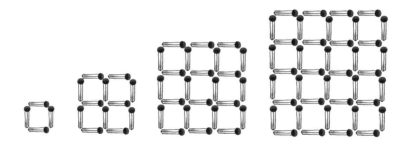

첫 번째는 작은 정사각형이 1개, 두 번째는 작은 정사각형이 4개, 세 번째는 작은 정사각형이 9개입니다. $4 = 2^2$, $9 = 3^2$입니다. 그러니까 3개의 도형은 한 변에 있는 성냥개비의 개수가 차례로 1, 2, 3개입니다. 그리고 이 3개의 도형을 만드는 데 사용된 성냥개비의 수를 항으로 하는 수열을 만들면 다음과 같습니다.

4, 12, 24, 40, …

그러므로 작은 정사각형이 64개인 도형은 한 변에 있는 성냥개비의 개수가 8개이므로 이 수열의 제8항입니다. 그럼 이 수열의 규칙을 알면 되겠군요.

이 수열은 등차수열도 아니고 등비수열도 아닙니다. 그럼 이제 계차수열인지 아닌지를 조사해 봅시다.

제2항 − 제1항 = 12 − 4 = 8

제3항 − 제2항 = 24 − 12 = 12

제4항 − 제3항 = 40 − 24 = 16

이웃하는 항의 차이를 나열해 봅시다.

8, 12, 16, …

공차가 4인 등차수열을 이루는군요. 그러므로 이 수열은 이웃항의 차이가 수열을 이루는 계차수열입니다. 그럼 이 수열의 제8항을 구하면 되겠군요. 위의 규칙을 다시 쓰면 다음과 같습니다.

제2항 = 제1항 + 8

제3항 = 제2항 + 12

제4항 = 제3항 + 16

그러므로 제5항은 제4항에 16보다 4 큰 수인 20을 더하면 됩니다. 이런 식이라면 다른 항들을 구할 수 있습니다.

제5항 = 제4항 + 20 = 40 + 20 = 60

제6항 = 제5항 + 24 = 60 + 24 = 84

제7항 = 제6항 + 28 = 84 + 28 = 112

제8항 = 제7항 + 32 = 112 + 32 = 144

그러니까 작은 정사각형 64개로 이루어진 도형을 만드는 데는 144개의 성냥개비가 필요합니다.

5

수열 더하기

일정한 규칙을 만족하는 수열을 더하는 데도 규칙이 있을까요?
수열의 합을 구하는 방법을 알아봅시다.

5

다섯 번째 수업
수열 더하기

교.　초등 수학 3-1　　2. 덧셈과 뺄셈

과.　　　　　　　　　3. 평면도형

연.　초등 수학 4-2　　4. 사각형과 다각형

계.　중등 수학 1-1　　Ⅰ. 집합과 자연수

　　중등 수학 2-1　　Ⅱ. 식의 계산

　　고등 수학 Ⅰ　　　Ⅲ. 수열

　　고등 수학의 활용　Ⅲ. 수열

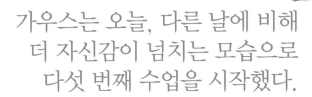

가우스는 오늘, 다른 날에 비해
더 자신감이 넘치는 모습으로
다섯 번째 수업을 시작했다.

등차수열의 합

가우스는 추억이 떠오르는지 창밖을 바라보다가 학생들에게 미소를
지으며 말했다.

오늘은 내가 초등학교 1학년 때 발견한 규칙에 대해 강의
하겠습니다.

학생들은 초등학교 1학년 때라는 말에 조금 놀라는 표정이었다.

여러분은 1부터 10까지 자연수의 합을 어떻게 계산하지요? 물론 1 + 2 = 3, 3 + 3 = 6, 6 + 4 = 10, … 이렇게 차례대로 더할 수 있지요. 하지만 시간이 너무 많이 걸리겠지요? 그래서 나는 다음과 같이 생각했어요.

우선 1부터 10까지를 차례로 써 보세요.

1 2 3 4 5 6 7 8 9 10

거꾸로 10부터 1까지를 그 밑에 써 보세요.

1 2 3 4 5 6 7 8 9 10
10 9 8 7 6 5 4 3 2 1

어떤 규칙이 있을까요? 위, 아래 두 수를 사각형으로 묶어 봅시다.

1	2	3	4	5	6	7	8	9	10
10	9	8	7	6	5	4	3	2	1

사각형 안의 수의 합을 구해 보세요.

학생들은 모든 사각형 안의 두 수의 합을 계산했다. 그리고 그 결과에 약간 놀라는 표정이었다.

모두 11이 나오지요? 사각형은 모두 몇 개인가요?

＿10개입니다.

주어진 수들을 모두 더한 것은 1부터 10까지 수를 더한 값의 2배입니다. 그것은 사각형 안의 수들의 합과 같으니까 11의 10배인 110이 됩니다. 그러니까 1부터 10까지의 합은 110의 절반인 55가 됩니다.

$$1+2+3+4+5+6+7+8+9+10=55$$

이 방법은 이웃하는 수들 사이의 차이가 일정한 등차수열일 때 적용되는 방법입니다.

예를 들어, 다음 수열의 합을 계산해 봅시다.

$$3+5+7+9+11+13+15$$

먼저 거꾸로 더한 것을 밑에 씁니다.

$$3 \quad 5 \quad 7 \quad 9 \quad 11 \quad 13 \quad 15$$
$$15 \quad 13 \quad 11 \quad 9 \quad 7 \quad 5 \quad 3$$

그리고 위, 아래 두 수를 사각형으로 묶습니다.

$$\boxed{\begin{matrix}3\\15\end{matrix}} + \boxed{\begin{matrix}5\\13\end{matrix}} + \boxed{\begin{matrix}7\\11\end{matrix}} + \boxed{\begin{matrix}9\\9\end{matrix}} + \boxed{\begin{matrix}11\\7\end{matrix}} + \boxed{\begin{matrix}13\\5\end{matrix}} + \boxed{\begin{matrix}15\\3\end{matrix}}$$

사각형 안의 수를 더하면 얼마입니까?

__18입니다.

18이 모두 7개 있으니까 사각형 안의 수의 합은 $18 \times 7 = 126$이고, 우리가 구하는 합은 그 값의 절반인 63이 됩니다.

$$3 + 5 + 7 + 9 + 11 + 13 + 15 = 63$$

삼각형의 개수

가우스는 학생들에게 성냥개비를 나누어 주었다. 그리고 한 변이 성냥개비 1개로 되어 있는 정육각형을 만들고, 정육각형의 안쪽에 각 변과 평행하게 성냥개비를 대어 6개의 정삼각형을 만들었다.

이 도형 속에 가장 작은 정삼각형은 몇 개입니까?

＿6개입니다.

가우스는 한 변에 성냥개비가 2개씩 들어가는 정육각형을 만들고,
같은 방법으로 안쪽에 작은 정삼각형들을 만들었다.

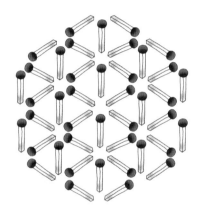

이 도형 속에는 작은 정삼각형이 몇 개 있나요?

＿24개입니다.

그럼 한 변에 성냥개비를 8개씩 놓아서 만든 정육각형 속
의 가장 작은 정삼각형은 몇 개일까요?

학생들은 성냥개비로 만들어 보려고 하다가 지쳐서 포기했다.

규칙을 찾으면 쉽답니다. 우선 정육각형 전체를 생각하지 말고 그것의 $\frac{1}{6}$ 만 생각하세요. 그럼 구하려는 작은 삼각형의 개수는 $\frac{1}{6}$ 에 들어 있는 작은 삼각형의 개수의 6배가 될 테니까요.

그럼 한 변에 성냥개비가 1개, 2개, 3개 올 때, 정육각형의 $\frac{1}{6}$ 을 만들어 봅시다.

 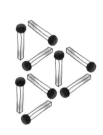 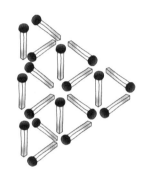

이때 작은 정삼각형의 개수는 다음과 같이 변합니다.

한 변에 성냥개비 1개 : 정삼각형 1개

한 변에 성냥개비 2개 : 정삼각형 4개

한 변에 성냥개비 3개 : 정삼각형 9개

뭔가 규칙이 있을 것 같군요. 자세히 그림을 들여다보면 첫 번째 그림은 두 번째 그림에, 두 번째 그림은 세 번째 그림에

포함되어 있다는 것을 알 수 있습니다. 그러니까 새로 추가되는 삼각형의 개수를 통해 써 보면 다음과 같습니다.

한 변에 성냥개비 1개 : 정삼각형의 개수 = 1
한 변에 성냥개비 2개 : 정삼각형의 개수 = 1 + 3
한 변에 성냥개비 3개 : 정삼각형의 개수 = 1 + 3 + 5

규칙을 찾았습니다. 따라서 한 변에 성냥개비가 8개일 때 $\frac{1}{6}$ 에 들어 있는 작은 삼각형의 개수는 다음과 같습니다.

$$1 + 3 + 5 + 7 + 9 + 11 + 13 + 15$$

거꾸로 써서 두 식을 함께 써 봅시다.

1	3	5	7	9	11	13	15
15	13	11	9	7	5	3	1

사각형 안의 두 수를 더하면 16입니다. 16이 8개 있으므로 사각형 안의 수들의 합은 $16 \times 8 = 128$입니다. 그러므로 구하는 합은 128의 절반이 됩니다.

$$1 + 3 + 5 + 7 + 9 + 11 + 13 + 15 = 64$$

이것은 한 변의 성냥개비가 8개일 때, 정육각형의 $\frac{1}{6}$에 들어 있는 작은 정삼각형의 개수입니다. 그러므로 정육각형 속에 들어 있는 정삼각형의 수는 $6 \times 64 = 384$(개)가 됩니다.

따라서 이러한 문제는 등차수열의 합을 이용하면 쉽게 알아낼 수 있습니다.

등비수열의 합

두 수의 비가 일정한 등비수열의 경우는 어떻게 될까요?

예를 들어, 다음과 같은 등비수열의 합을 구할 수 있는 공식을 찾아봅시다.

1, 2, 4, 8, 16, 32, 64

이 수열은 2씩 곱해지는 등비수열입니다. 물론 그냥 차례로 더하여 이 수열의 합을 구할 수 있습니다. 하지만 그것은 우리의 목적이 아닙니다. 이 수열의 합의 규칙을 찾는 것이 우리의 목적이니까요.

그럼 등차수열 때처럼 거꾸로 써서 위, 아래를 사각형으로 묶어 볼까요?

$$\boxed{\begin{array}{c}1\\64\end{array}} + \boxed{\begin{array}{c}2\\32\end{array}} + \boxed{\begin{array}{c}4\\16\end{array}} + \boxed{\begin{array}{c}8\\8\end{array}} + \boxed{\begin{array}{c}16\\4\end{array}} + \boxed{\begin{array}{c}32\\2\end{array}} + \boxed{\begin{array}{c}64\\1\end{array}}$$

첫 번째 사각형의 합은 얼마지요?

__65입니다.

두 번째 사각형의 합은 얼마지요?

__34입니다.

더 이상 해 볼 것도 없군요. 사각형 안의 두 수의 합들이 달라지니까 이 방법으로는 합을 구할 수 없습니다. 다른 방법을 찾아야 합니다.

이 수열은 공비가 2인 등비수열입니다. 그러니까 앞의 항에 2를 곱하면 그 다음 항이 나타납니다. 우선 우리가 구하고 싶을 합을 [가]라고 합시다. 그리고 다음과 같이 거듭제곱을 이용합시다.

$$4 = 2 \times 2 = 2^2$$
$$8 = 2 \times 2 \times 2 = 2^3$$
$$16 = 2 \times 2 \times 2 \times 2 = 2^4$$
$$32 = 2 \times 2 \times 2 \times 2 \times 2 = 2^5$$
$$64 = 2 \times 2 \times 2 \times 2 \times 2 \times 2 = 2^6$$

이렇게 2를 여러 번 곱한 것을 2의 거듭제곱이라고 합니다. $2 \times 2 \times 2$처럼 2를 3번 곱한 것을 2^3이라고 씁니다. 또한 2처럼 2가 1번 나타나는 것을 2^1이라고 씁니다.

자, 이제 원래의 수열의 합을 다음과 같이 쓸 수 있습니다.

$$[가] = 1 + 2 + 2^2 + 2^3 + 2^4 + 2^5 + 2^6 \cdots \cdots ①$$

식 ①의 양변에 2를 곱해 봅시다.

$$2 \times [가] = 2 + 2^2 + 2^3 + 2^4 + 2^5 + 2^6 + 2^7 \cdots \cdots ②$$

수학자의 비밀노트

지수법칙

같은 문자 또는 수의 거듭제곱의 곱셈, 나눗셈을 지수의 덧셈, 뺄셈으로 계산할 수 있는 법칙입니다. 예를 들면 다음과 같습니다.

곱셈 : $a^3 \times a^2 = a \cdot a \cdot a \cdot a \cdot a = a^5 \Rightarrow a^3 \times a^2 = a^{3+2} = a^5$

나눗셈 : $a^5 \div a^3 = \dfrac{a \cdot a \cdot a \cdot a \cdot a}{a \cdot a \cdot a} = a^2 \Rightarrow a^5 \div a^3 = a^{5-3} = a^2$

식 ①의 양변에서 1을 빼면 다음과 같습니다.

$$[가] - 1 = 2 + 2^2 + 2^3 + 2^4 + 2^5 + 2^6$$

이것을 식 ②에 넣어 봅시다.

$$2 \times [가] = [가] - 1 + 2^7$$

$2 \times [가]$는 [가]를 2번 더한 것이므로 $[가] + [가]$입니다.

$$[가] + [가] = [가] - 1 + 2^7$$

양변에 똑같이 [가]가 더해져 있으므로 다음 식이 성립해야 합니다.

$$[가] = 2^7 - 1 = 128 - 1 = 127$$

따라서 다음과 같습니다.

$$1 + 2 + 4 + 8 + 16 + 32 + 64 = 127$$

이렇게 등비수열의 합을 구하는 공식도 쉽게 찾을 수 있습니다.

조금 더 복잡한 등비수열의 합에 대해 알아볼까요? 다음 수열의 합을 구해 봅시다.

$$[가] = 2 + 6 + 18 + 54 + 162 + 486 + 1458$$

이 수열은 제1항이 2이고 공비가 3인 등비수열입니다. 즉 다음과 같지요.

$$6 = 2 \times 3$$
$$18 = 2 \times 3 \times 3$$
$$54 = 2 \times 3 \times 3 \times 3$$
$$162 = 2 \times 3 \times 3 \times 3 \times 3$$
$$486 = 2 \times 3 \times 3 \times 3 \times 3 \times 3$$
$$1458 = 2 \times 3 \times 3 \times 3 \times 3 \times 3 \times 3$$

따라서 〔가〕를 거듭제곱으로 나타내면 다음과 같습니다.

$$〔가〕 = 2 + 2 \times 3 + 2 \times 3^2 + 2 \times 3^3 + 2 \times 3^4 + 2 \times 3^5 + 2 \times 3^6 \cdots\cdots ①$$

식 ①의 양변에 3을 곱해 봅시다.

$$3 \times 〔가〕 = 2 \times 3 + 2 \times 3^2 + 2 \times 3^3 + 2 \times 3^4 + 2 \times 3^5 + 2 \times 3^6 + 2 \times 3^7 \cdots\cdots ②$$

식 ②에서 식 ①을 빼 봅시다.

$$3 \times 〔가〕 = \quad 2 \times 3 + 2 \times 3^2 + 2 \times 3^3 + 2 \times 3^4 + 2 \times 3^5 + 2 \times 3^6 + 2 \times 3^7$$
$$-)\;\; 〔가〕 = 2 + 2 \times 3 + 2 \times 3^2 + 2 \times 3^3 + 2 \times 3^4 + 2 \times 3^5 + 2 \times 3^6$$
$$\overline{\quad (3-1) \times 〔가〕 = 2 \times 3^7 - 2 \quad}$$

여기서 $2 \times 3^7 - 2 = 2 \times 3^7 - 2 \times 1$이므로 다음과 같이 됩니다.

$$(3-1) \times [\text{가}] = 2 \times (3^7 - 1)$$

양변을 $(3-1)$로 나누어 보겠습니다.

$$[\text{가}] = \frac{2 \times (3^7 - 1)}{3 - 1}$$

아하! 그러니까 다음과 같이 되는군요.

$$2 + 2 \times 3 + 2 \times 3^2 + 2 \times 3^3 + 2 \times 3^4 + 2 \times 3^5 + 2 \times 3^6 = \frac{2 \times (3^7 - 1)}{3 - 1}$$

그러므로 다음과 같은 규칙을 알 수 있습니다.

공비가 □인 등비수열의 제△항까지의 합은 $\dfrac{(\text{제1항}) \times (□^△ - 1)}{(□ - 1)}$ 이다.

예를 들어, 다음과 같은 등비수열의 합을 봅시다.

$$2 + 2^2 + 3^3 + \cdots + 2^{100}$$

이것은 제1항이 2이고 공비가 2인 등비수열의 제100항까지의 합입니다. 그러므로 그 결과는 다음과 같습니다.

$$\frac{2 \times (2^{100} - 1)}{2 - 1} = 2^{101} - 2$$

여기서 우리는 $2 \times 2^{100} = 2^1 \times 2^{100} = 2^{1+100} = 2^{101}$을 이용했습니다.

이 과정에서 여러분이 이해가 잘 안 되는 부분이 있었을 것입니다. 그것은 왜 $3 \times$ [가] $-$ [가]가 $(3-1) \times$ [가]가 되는 것일까 하는 것입니다.

이것은 두 식을 계산해 보면 쉽게 확인할 수 있습니다. 즉, $3 \times$ [가]는 [가] $+$ [가] $+$ [가]이니까 여기서 [가]를 빼 주면 [가] $+$ [가]가 남으므로 [가] $+$ [가] $= 2 \times$ [가]이지요. 또한 $(3-1) \times$ [가] $= 2 \times$ [가]이므로 두 식이 일치한다는 것을 알 수 있습니다.

선생님, 이번엔 제가 덧셈을 쉽게 하는 방법을 발견했어요.

오호, 그래요? 기대되는군요.

자, 보세요. 1부터 10까지의 합을 구한다고 할 때, 차례대로 더하면 너무 오래 걸리잖아요.

흠….

123456789 10

그래서 우선 1부터 10까지 쓰고, 아래에 10부터 1까지를 거꾸로 쓴 다음 위, 아래 수를 더해 보았어요.

그랬더니 위, 아래 더한 수가 모두 11이 나와 1부터 10까지의 수들을 2번 더한 것은 11의 10배인 110이 된다는 것을 알 수 있었죠.

1	2	3	4	5	6	7	8	9	10
10	9	8	7	6	5	4	3	2	1
11	11	11	11	11	11	11	11	11	11

$11 \times 10 = 110$

1부터 10까지 2번 더한 것의 합이 110이니까 1부터 10까지 1번 더한 것은 절반인 55가 되겠죠? 어때요?

별이가 이용한 방법은 이웃하는 항 사이의 차이가 일정한 등차수열의 합을 구하는 방법과 같군요.

아, 알고 계셨어요?

물론이죠. 돌비 군과 마찬가지로 좀 늦었군요. 후후!

등비수열 무한히 더하기

무한히 더한다는 것은 무엇일까요?
등비수열을 무한히 더하면 어떻게 되는지 알아봅시다.

여섯 번째 수업

등비수열
무한히 더하기

교.   초등 수학 5-1   7. 분수의 곱셈
과.   중등 수학 1-1   Ⅰ. 집합과 자연수
연.   고등 수학 Ⅰ   Ⅲ. 수열
계.   Ⅳ. 수열의 극한
        고등 수학의 활용   Ⅲ. 수열

가우스는 지난 시간에 배운
등비수열의 합을 복습하며
여섯 번째 수업을 시작했다.

오늘 수업은 아주 어려운 내용입니다. 하지만 신기한 내용
이지요.

가우스는 조금 망설이다가 학생들에게 물었다.

1을 무한히 많이 더하면 어떻게 될까요?

학생들은 서로의 얼굴을 쳐다보았다. 처음 들어 보는 이야기이기
때문이었다. 가우스는 칠판에 다음과 같이 썼다.

$1+1=2$

$1+1+1=3$

$1+1+1+1=4$

$1+1+1+1+1=5$

이런 식으로 1을 무한히 더하면 우리가 상상할 수 없이 커다란 수가 나오게 됩니다. 그러한 수를 우리는 무한대라고 부릅니다. 무한대는 기호로 ∞라고 쓰지요. 그러니까 다음과 같이 됩니다.

$1+1+1+\cdots=\infty$

무한대는 우리가 알고 있는 수와는 많은 점에서 다릅니다. 우리가 잘 알고 있는 아주 큰 수인 100,000,000을 생각해 봅시다. 이 수에 1을 더하면 100,000,001이 되어 더 큰 수가 됩니다. 이런 식으로 끝없이 더 큰 수를 만들어 낼 수 있는 것이 우리가 알고 있는 수입니다.

하지만 무한대는 다릅니다. 무한대보다 1이 큰 수를 무한대보다 큰 수라고 얘기하지 않습니다. 무한대보다 1 큰 수는 여전히 무한대입니다. 이것이 바로 무한대의 신비입니다. 그러니까 무한대란 구체적으로 숫자로 나타낼 수 없지만 수가 커지면서 만들어 내는 거대한 괴물이라고 생각하면 되지요.

다음과 같은 등비수열의 합을 봅시다.

$1 + 2 + 4 + 8 + 16 + \cdots$

수들이 2배씩 커집니다. 이런 식으로 끝없이 더하면 어떻게 될까요? 점점 커지기 때문에 그 결과는 무한대가 됩니다.

그럼 다음 합을 봅시다.

$1 + \dfrac{1}{2} + \dfrac{1}{4} + \dfrac{1}{8} + \cdots$

$\dfrac{1}{4} = \dfrac{1}{2} \times \dfrac{1}{2}$ 이고, $\dfrac{1}{8} = \dfrac{1}{4} \times \dfrac{1}{2}$ 이므로 이 수열은 공비가 $\dfrac{1}{2}$ 인 등비수열의 합입니다. 이때는 더하는 숫자들이 점점 작아집니다. $\dfrac{1}{2}$ 을 곱하는 것은 원래 크기의 절반이 되는 것이기 때문이지요. 이렇게 점점 줄어들다 보면 나중에는 너무나 작아져서 더할 필요가 없어질 것입니다. 더해야 할 항들이 거의 0에 가까워지게 되니까요. 즉, 이런 식으로 끝없이 많은 항을 더하면 그 합은 무한대가 아닌 일정한 숫자가 될 것입니다.

이제 이런 수열의 합을 계산하는 방법에 대해 알아봅시다. 구하고자 하는 식을 [가]라고 합시다.

$$(가) = 1 + \frac{1}{2} + \frac{1}{4} + \frac{1}{8} + \cdots$$

위 식의 양변에 $\frac{1}{2}$을 곱해 봅시다.

$$\frac{1}{2} \times (가) = \frac{1}{2} + \frac{1}{4} + \frac{1}{8} + \frac{1}{16} + \cdots$$

이 결과를 원래의 식에 넣어 봅시다.

$$(가) = 1 + \frac{1}{2} \times (가)$$

위 식의 양변에 2를 곱해 봅시다.

$$2 \times (가) = 2 + (가)$$

$2 \times (가)$는 (가)를 2번 더한 것입니다. 즉 (가) + (가)이지요.
그러므로 위 식은 다음과 같이 됩니다.

$$(가) + (가) = 2 + (가)$$

양변에 똑같이 (가)가 있군요. 그러니까 (가) = 2가 되어야 합
니다. 그러므로 주어진 등비수열에 합을 구하면 다음과 같습
니다.

$$1 + \frac{1}{2} + \frac{1}{4} + \frac{1}{8} + \cdots = 2$$

이렇게 공비가 1보다 작은 분수인 등비수열을 무한히 많이 합하면 일정한 값이 됩니다. 정말 신기하죠? 무한히 많은 수를 더했는데도 그 합이 일정한 값이 된다는 것이 말입니다.

조금 더 복잡한 경우를 봅시다.

$$[\text{가}] = 2 + \frac{2}{3} + \frac{2}{9} + \frac{2}{27} + \cdots$$

이것이 수열의 합이라면 수열의 각 항은 다음과 같습니다.

제1항 $= 2$

제2항 $= 2 \times \frac{1}{3}$

제3항 $= 2 \times \frac{1}{3} \times \frac{1}{3}$

제4항 $= 2 \times \frac{1}{3} \times \frac{1}{3} \times \frac{1}{3}$

이 수열은 제1항이 2이고 공비가 $\frac{1}{3}$인 등비수열이군요. 이 수열의 합을 구해 봅시다. 주어진 식에 $\frac{1}{3}$을 곱하면 다음과 같이 됩니다.

$$\frac{1}{3} \times [\text{가}] = \frac{2}{3} + \frac{2}{9} + \frac{2}{27} + \cdots$$

이 관계식을 처음 식에 넣어 봅시다.

$$[가] = 2 + \frac{1}{3} \times [가]$$

양변에서 $\frac{1}{3} \times [가]$ 를 빼 줍시다.

$$[가] - \frac{1}{3} \times [가] = 2$$

여기서 $[가] = 1 \times [가]$ 이므로 위 식은 다음과 같이 됩니다.

$$1 \times [가] - \frac{1}{3} \times [가] = 2$$

따라서 다음과 같이 되지요.

$$\left(1 - \frac{1}{3}\right) \times [가] = 2$$

양변을 $\left(1 - \frac{1}{3}\right)$ 로 나누어 봅시다.

$$[가] = 2 \div \left(1 - \frac{1}{3}\right)$$

따라서 다음과 같은 규칙을 찾을 수 있습니다.

공비가 1보다 작은 수인 등비수열에 대해 무한히 많은 항을 더한 합은 $\frac{(제1항)}{1-(공비)}$ 이 된다.

달리기 따라잡기

가우스는 미주를 진우보다 1m 앞선 곳에 세웠다.

지금 두 사람의 거리는 얼마지요?

__1m입니다.

이제 미주는 진우와 같은 방향으로 움직일 것입니다. 하지만 미주는 진우가 움직인 거리의 절반만 움직일 수 있다고 해봅시다.

__네, 선생님.

가우스는 진우에게 1m를 움직이라고 했다. 물론 미주는 0.5m를 움직였다.

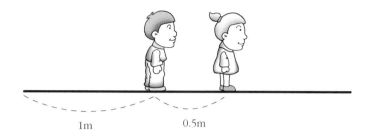

1m　　　　　　　　0.5m

지금 두 사람의 거리는 얼마지요?

＿0.5m입니다.

가우스는 진우에게 다시 0.5m를 움직이라고 했다. 물론 미주는
0.25m를 움직였다.

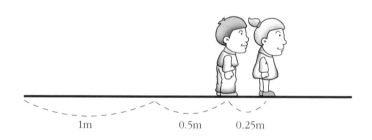

1m　　　　　　0.5m　　　0.25m

지금 두 사람의 거리는 얼마지요?

＿0.25m입니다.

가우스는 진우에게 다시 0.25m를 움직이라고 했다. 물론 미주는

0.125m를 움직였다.

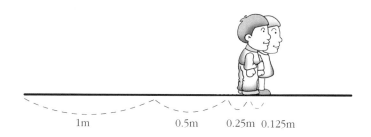

1m   0.5m   0.25m   0.125m

지금 두 사람의 거리는 얼마지요?

__0.125m입니다.

두 사람이 점점 가까워지고 있습니다. 그럼 이 두 사람이 완전히 같은 위치에 있을 때까지 진우와 미주는 무한 번 움직여야 합니다. 이제 진우가 움직인 거리를 계산해 보겠습니다.

첫 번째 움직인 거리 (m) = 1

두 번째 움직인 거리 (m) = $1 \times \dfrac{1}{2}$

세 번째 움직인 거리 (m) = $1 \times \dfrac{1}{2} \times \dfrac{1}{2} = 1 \times \left(\dfrac{1}{2}\right)^{2}$

네 번째 움직인 거리 (m) = $1 \times \dfrac{1}{2} \times \dfrac{1}{2} \times \dfrac{1}{2} = 1 \times \left(\dfrac{1}{2}\right)^{3}$

따라서 진우가 움직인 거리는 다음과 같습니다.

$$1 + 1 \times \frac{1}{2} + 1 \times \left(\frac{1}{2}\right)^2 + 1 \times \left(\frac{1}{2}\right)^3 + \cdots$$

제1항이 1이고 공비가 $\frac{1}{2}$ 이므로, 합은 다음과 같습니다.

$$\frac{1}{1 - \frac{1}{2}} = 1 \div \frac{1}{2} = 2\,(\mathrm{m})$$

마찬가지로 미주가 움직인 거리는 다음과 같습니다.

$$1 \times \frac{1}{2} + 1 \times \left(\frac{1}{2}\right)^2 + 1 \times \left(\frac{1}{2}\right)^3 + \cdots = \frac{\frac{1}{2}}{1 - \frac{1}{2}} = 1\,(\mathrm{m})$$

선생님, 숫자 1을 무한히 더하면 어떻게 되나요?

어떻게 될 것 같은가요?

글쎄요….

$$1+1 = 2$$
$$1+1+1 = 3$$
$$1+1+1+1 = 4$$
$$1+1+1+1+1 = 5$$

이런 식으로 숫자 1을 무한히 더하면 우리가 상상할 수 없는 큰 수가 나오지요. 그러한 수를 우리는 무한대라 부르고, 기호로는 ∞라고 쓰지요.

마치 8을 눕힌 모양처럼 보이네요!

하하, 그러니까 1+1+1+ … = ∞가 돼죠.

그럼 무한대에 숫자 1을 더하게 되면 어떻게 되나요?

$$\infty + 1 =$$

무한대는 우리가 알고 있는 수와는 많은 점에서 달라요. 만약 우리가 아는 큰 수에 1을 더하면 더 큰 수가 돼죠. 이런 식으로 끝없이 더 큰 수를 만들어 낼 수 있는 것이 우리가 알고 있는 수예요.

$$100000000 + 1 = 100000001$$
$$1000000000 + 1 = 1000000001$$
$$10000000000 + 1 = 10000000001$$

하지만 무한대는 다르죠. 무한대보다 1 큰 수가 무한대보다 큰 수라고 얘기하지 않아요. 무한대보다 1 큰 수는 여전히 무한대지요. 이것이 바로 무한대의 신비예요.

$$\infty + 1 = \infty$$

순환소수를 분수로
바꿀 수 있을까요?

일정한 숫자가 반복되는 순환소수를 분수로 항상 바꿀 수 있을까요?
순환소수의 분수 표현에 대해 알아봅시다.

7

일곱 번째 수업

순환소수를 분수로
바꿀 수 있을까요?

교. 초등 수학 6-1   Ⅰ. 분수와 소수
과. 중등 수학 1-1   Ⅰ. 집합과 자연수
연. 중등 수학 2-1   Ⅰ. 유리수와 근삿값
     고등 수학 Ⅰ   Ⅲ. 수열
계. 고등 수학의 활용   Ⅲ. 수열

가우스가 분수를 소수로
바꿨을 때의 값을 물으며
일곱 번째 수업을 시작했다.

가우스는 학생들에게 물었다.

$\frac{1}{2}$ 을 소수로 나타내면 얼마이지요?

＿0.5입니다.

소수 첫째 자리까지만 있군요. 그러면 $\frac{1}{4}$ 을 소수로 나타내면 얼마지요?

＿0.25입니다.

소수 둘째 자리까지 있군요. $\frac{1}{8}$ 을 소수로 나타내면 얼마지요?

__0.125입니다.

소수 셋째 자리까지 있군요.

이렇게 소수점 아래에 있는 숫자의 개수가 유한개인 소수를 유한소수라고 합니다.

가우스는 학생들에게 전자계산기를 나눠 주었다.

$\frac{1}{3}$을 소수로 나타내면 얼마지요?

__0.3333…입니다.

소수점 뒤로 숫자가 끝없이 나타나는군요. 하지만 3만 계속 나타납니다. 그러면 $\frac{1}{11}$을 소수로 나타내면 얼마지요?

__0.090909…입니다.

소수점 뒤로 숫자가 끝없이 나타나는군요. 하지만 0과 9가 계속 반복됩니다.

이렇게 소수점 뒤로 숫자가 끝없이 나타나는 소수를 무한소수라고 합니다. 무한소수 중에서 위의 두 경우처럼 일정한 숫자들이 반복적으로 나타나는 소수를 순환소수라고 합니다.

이제 소수를 분수로 나타내는 방법에 대해 차근차근 알아보겠습니다.

예를 들어, 327은 다음과 같이 쓸 수 있습니다.

$$327 = 300 + 20 + 7$$

$300 = 3 \times 100, \ 20 = 2 \times 10$이므로, 위의 식은 다음과 같이 쓸 수 있습니다.

$$327 = 3 \times 100 + 2 \times 10 + 7$$

여기서 $100 = 10^2$이므로, 위의 식은 다음과 같이 쓸 수 있습니다.

$$327 = 3 \times 10^2 + 2 \times 10 + 7$$

이렇게 327은 10의 거듭제곱으로 나타낼 수 있습니다.

그럼 소수도 10의 거듭제곱으로 나타낼 수 있을까요? 소수 0.25의 경우를 봅시다. 이것은 다음과 같이 쓸 수 있습니다.

$$0.25 = 0.2 + 0.05$$

$0.2 = 2 \times 0.1, \ 0.05 = 5 \times 0.01$이므로, 위 식은 다음과 같이 쓸 수 있습니다.

$$0.25 = 2 \times 0.1 + 5 \times 0.01$$

$0.1 = \dfrac{1}{10}$, $0.01 = \dfrac{1}{100}$ 이므로, 앞 페이지의 식은 다시 다음과 같이 쓸 수 있습니다.

$$0.25 = 2 \times \dfrac{1}{10} + 5 \times \dfrac{1}{100}$$

한편 $\dfrac{1}{100} = \left(\dfrac{1}{10}\right)^2$ 이므로 위의 식은 다음과 같이 쓸 수 있습니다.

$$0.25 = 2 \times \dfrac{1}{10} + 5 \times \left(\dfrac{1}{10}\right)^2$$

이것이 바로 소수를 10의 거듭제곱을 사용하여 분수로 나타내는 방법이지요.

순환마디가 있는 무한소수를 분수로 나타내는 법

무한소수를 분수로 어떻게 나타낼까요? 다음과 같은 무한소수를 예로 들어 봅시다.

$0.33333\cdots$

소수점 뒤에 수가 끝없이 이어지는데 이것을 소수로 나타낼 수 있을까요? 이 소수는 다음과 같이 쓸 수 있습니다.

$$0.3 + 0.03 + 0.003 + 0.0003 + \cdots$$

0.3을 분수로 바꾸면 얼마이지요?

— $\dfrac{3}{10}$ 입니다.

0.03을 분수로 바꾸면 얼마이지요?

— $\dfrac{3}{100}$ 입니다.

0.003을 분수로 바꾸면 얼마이지요?

— $\dfrac{3}{1000}$ 입니다.

그러니까 이 소수는 다음과 같이 쓸 수 있습니다.

$$\frac{3}{10} + \frac{3}{100} + \frac{3}{1000} + \cdots$$

이 수열을 살펴봅시다.

$$\frac{3}{100} = \frac{3}{10} \times \frac{1}{10}$$

$$\frac{3}{1000} = \frac{3}{100} \times \frac{1}{10}$$

그러니까 이 수열은 앞의 항에 $\dfrac{1}{10}$ 이 곱해져 그 다음 항을 만드는 것이므로 등비수열입니다. 물론 $\dfrac{1}{10}$ 은 공비이고, 이 것은 1보다 작은 분수입니다.

우리는 공비가 1보다 작은 분수일 때 끝없이 더해지는 등비수열의 합을 구하는 공식을 알고 있습니다. 그 공식에 넣어 보면 다음과 같이 됩니다.

$$\frac{3}{10} \div \left(1 - \frac{1}{10}\right) = \frac{3}{10} \div \frac{9}{10} = \frac{3}{9} = \frac{1}{3}$$

이렇게 무한소수이지만 일정한 수가 반복되는 순환소수는 항상 분수로 고칠 수 있습니다.

예를 하나 더 들어 보겠습니다. 소수 $0.222\cdots$는 다음과 같이 쓸 수 있습니다.

$$0.222\cdots = 0.2 + 0.02 + 0.002 + \cdots$$

이 식의 우변을 분수로 쓰면 다음과 같습니다.

$$0.222\cdots = \frac{2}{10} + \frac{2}{100} + \frac{2}{1000} + \cdots$$

이 수열은 제1항이 $\frac{2}{10}$이고 공비가 $\frac{1}{10}$인 등비수열입니다. 그러므로 이 수열의 합은 다음과 같습니다.

$$\frac{2}{10} \div \left(1 - \frac{1}{10}\right) = \frac{2}{10} \div \frac{9}{10} = \frac{2}{9}$$

지금까지 구한 2개의 순환소수의 분수 표현을 함께 써 보겠습니다.

$$0.333\cdots = \frac{3}{9}$$

$$0.222\cdots = \frac{2}{9}$$

규칙이 보이지요? 그렇습니다. 소수점 뒤에 하나의 숫자가 계속 나타나는 무한소수를 분수로 고치면 분자는 나타나는 그 수가 되고 분모는 9가 됩니다. 그러니까 다음과 같습니다.

$$0.111\cdots = \frac{1}{9}$$

$$0.222\cdots = \frac{2}{9}$$

$$0.333\cdots = \frac{3}{9}$$

$$0.444\cdots = \frac{4}{9}$$

$$0.555\cdots = \frac{5}{9}$$

$$0.666\cdots = \frac{6}{9}$$

$$0.777\cdots = \frac{7}{9}$$

$$0.888\cdots = \frac{8}{9}$$

$$0.999\cdots = \frac{9}{9}$$

그런데 마지막 관계식은 이상하군요. $\frac{9}{9} = 1$이니까 $0.999\cdots$

= 1이라는 얘기가 되네요. 놀랄 필요는 없습니다. 소수점 뒤에 무한히 9가 붙으면 결국 그 수는 1과 같아지게 되니까요.

여기서 반복적으로 나타나는 같은 숫자를 순환마디라고 합니다. 그러니까 0.333…에서 순환마디는 3이지요. 수학자들은 0.333…과 같은 순환소수를 편리하게 나타내는 기호를 만들었습니다.

그것은 다음과 같지요.

$$0.333\cdots = 0.\dot{3}$$

그러니까 순환마디 위에 점을 찍으면 그 순환마디가 영원히 반복된다고 생각하면 됩니다.

수학자의 비밀노트

순환소수를 분수로 나타내는 또 다른 방법

예) $0.716161616\cdots = 0.7\dot{1}\dot{6}$

1. 소수점 이하의 마지막 자리의 숫자부터 순환마디에 해당되는 것은 9, 해당되지 않는 것은 0으로 표현하여 분모에 쓴다. ⇒ $\dfrac{1}{990}$

2. 소수점 아래 숫자 전체에서 순환마디에 해당되지 않는 숫자를 빼서 분자에 쓴다. ⇒ $\dfrac{716-7}{990} = \dfrac{709}{990}$

우아, 이거 끝이 없잖아. 대체 언제 끝나는 거예요?

$$\frac{1}{11} = 0.090909 \cdots 09 \cdots$$

1을 11로 나누면 끝이 없지요. 이처럼 소수점 뒤로 숫자가 끝없이 나타나는 소수를 무한소수라고 하고, 무한소수 중에서 일정한 숫자들이 반복적으로 나타나는 소수를 순환소수라고 해요.

진작에 말씀 좀 해 주시지.

소수를 분수로 바꿔 볼까요? 우선 327이 3×100+2×10+7이라는 것은 알고 있죠?

갑자기 소수를 왜 분수로 바꾸세요?

$$0.25 = 2 \times \frac{1}{10} + 5 \times \frac{1}{100}$$

같은 방법으로 0.25도 이처럼 나타낼 수가 있죠.

계속 봐요. 이번엔 0.3333… 이라는 순환소수를 좀 전과 같이 표현해 볼까요?

$$\frac{3}{10} + \frac{3}{100} + \frac{3}{1000} + \frac{3}{10000}$$

여기서 '+'기호를 빼면 이것은 제1항이 $\frac{3}{10}$, 공비가 $\frac{1}{10}$인 등비수열임을 알 수 있죠? 그렇다면 이 수들의 합은 등비수열의 합의 공식을 이용해 이렇게 구할 수 있죠.

$$등비수열의 합 = \frac{(제1항)}{1-(공비)}$$

$$= \frac{\frac{3}{10}}{1 - \frac{1}{10}} = \frac{3}{10} \div \frac{9}{10} = \frac{1}{3}$$

앞에서 소수를 분수로 바꾼 것은 무한소수 중 순환소수는 분수로 간단히 표현할 수 있다는 것을 보여주기 위해서였답니다. 어디 다른 순환소수도 계속 바꿔 볼까요?

선생님은 못 말려.

끝없이 더하면 항상 무한대가 될까요?

끝없이 더하는 수열의 합은 유한한 수가 될까요, 아니면 무한대가 될까요?
끝없이 더하는 수열의 합에 대해 알아봅시다.

끝없이 더하면 항상 무한대가 될까요?

교.
과.
연.
계.

초등 수학 5-1
중등 수학 1-1
고등 수학 1-1
고등 수학 I

고등 수학의 활용

5. 분수와 덧셈과 뺄셈
I. 집합과 자연수
II. 문자와 식
III. 수열
IV. 수열의 극한
III. 수열

가우스는 지난번 수업을 강조하며
여덟 번째 수업을 시작했다.

오늘은 등비수열이 아닌 어떤 수열이 끝없이 이어질 때 이 수열의 합을 구할 수 있는지 없는지에 대해 알아보겠습니다.

다음 수열의 합을 봅시다.

$2 + 2^2 + 2^3 + \cdots$

이것은 제1항이 2이고 공비가 2인 등비수열이 끝없이 이어질 때의 합입니다. 우리는 이 결과가 무한대가 나온다고 했습니다. 그것은 계속 2를 곱하면 점점 더 큰 수가 되기 때문입니다.

이번에는 다음 수열의 합을 봅시다.

$$\frac{1}{2} + \left(\frac{1}{2}\right)^2 + \left(\frac{1}{2}\right)^3 + \cdots$$

이것은 제1항이 $\frac{1}{2}$이고 공비가 $\frac{1}{2}$인 등비수열이 끝없이 이어질 때의 합입니다. 우리는 이 결과가 1이 된다는 것을 알고 있습니다. 그것은 계속 $\frac{1}{2}$을 곱하면 점점 작은 수를 더하게 되고, 결국에는 거의 0에 가까운 수를 더하게 되기 때문입니다.

그러므로 우리는 어떤 수열이 끝없이 더해질 때 그 값이 유한한 값이 나타날 수도 있고 무한대가 될 수도 있다는 사실을 알 수 있습니다.

이제 등비수열이 아닌 수열에 대해 그 수열이 끝없이 더해질 때 그 합을 구할 수 있는지 아니면 무한대가 나오는지 알아보겠습니다.

먼저 다음 수열의 합을 보겠습니다.

$$1 + \frac{1}{2} + \frac{1}{3} + \frac{1}{4} + \frac{1}{5} + \frac{1}{6} + \frac{1}{7} + \frac{1}{8} + \cdots$$

이 수열 역시 나중에는 항의 분모가 점점 큰 수가 됩니다. 예를 들어, 이 수열의 10000번째 항은 $\frac{1}{10000}$이 되어 아주 작은 소수가 됩니다. 물론 더 큰 항은 더 작아지지요. 그럼 이 수열을 끝없이 더한 결과는 유한한 수가 될까요? 결론부터 말하면 그렇지 않습니다. 즉, 이 수열의 합은 무한대가 됩니다.

이 사실을 증명해 보겠습니다. 우선 이 수열을 다음과 같이 괄호로 묶어 봅시다.

$$1 + \frac{1}{2} + \left(\frac{1}{3} + \frac{1}{4} \right) + \left(\frac{1}{5} + \frac{1}{6} + \frac{1}{7} + \frac{1}{8} \right) + \cdots$$

우선 첫 번째 괄호를 봅시다. $\frac{1}{3}$과 $\frac{1}{4}$ 중 어느 것이 큰가요?

— $\frac{1}{3}$이 더 큽니다.

이것을 $\frac{1}{3} > \frac{1}{4}$라고 씁니다. 그러니까 다음 식이 성립합니다.

$$\frac{1}{3} + \frac{1}{4} > \frac{1}{4} + \frac{1}{4}$$

물론 $\frac{1}{4} + \frac{1}{4} = \frac{1}{2}$이므로 첫 번째 괄호는 $\frac{1}{2}$보다 큽니다.

$$\frac{1}{3} + \frac{1}{4} > \frac{1}{2}$$

이번에는 두 번째 괄호 안을 봅시다. $\frac{1}{5} , \frac{1}{6} , \frac{1}{7} , \frac{1}{8}$ 중에서 제일 작은 수는 어느 것인가요?

— $\frac{1}{8}$입니다.

그러므로 $\frac{1}{5} > \frac{1}{8}$, $\frac{1}{6} > \frac{1}{8}$, $\frac{1}{7} > \frac{1}{8}$ 이 됩니다. 그러므로 두 번째 괄호에서 $\frac{1}{5}$, $\frac{1}{6}$, $\frac{1}{7}$ 을 모두 $\frac{1}{8}$ 로 바꾸어 합한 것은 두 번째 괄호보다 작습니다.

$$\frac{1}{5} + \frac{1}{6} + \frac{1}{7} + \frac{1}{8} > \frac{1}{8} + \frac{1}{8} + \frac{1}{8} + \frac{1}{8}$$

여기에서 $\frac{1}{8} + \frac{1}{8} + \frac{1}{8} + \frac{1}{8} = \frac{1}{2}$ 이므로 다음 식이 성립합니다.

$$\frac{1}{5} + \frac{1}{6} + \frac{1}{7} + \frac{1}{8} > \frac{1}{2}$$

그러므로 두 번째 괄호도 $\frac{1}{2}$ 보다 커지는군요. 마찬가지로 $\frac{1}{9}$ 부터 $\frac{1}{16}$ 까지 8개 항의 합을 괄호로 묶으면 이것도 $\frac{1}{2}$ 보다 커집니다. 이런 식으로 비교하면 다음과 같은 등식을 얻을 수 있습니다.

$$1 + \frac{1}{2} + \frac{1}{3} + \frac{1}{4} + \frac{1}{5} + \frac{1}{6} + \frac{1}{7} + \frac{1}{8} + \cdots > 1 + \frac{1}{2} + \frac{1}{2} + \frac{1}{2} + \cdots$$

오른쪽에서 $\frac{1}{2} + \frac{1}{2} + \frac{1}{2} + \cdots$ 은 $\frac{1}{2}$ 을 무한 번 더하는 것이므로 그 결과는 무한대가 됩니다. 무한대에 1을 더해도 여전

히 무한대가 되기 때문에 우리가 구하려고 하는 수열의 합은 무한대보다 커지게 됩니다. 무한대보다 크다는 것은 곧 이 값이 무한대라는 것을 말하지요. 무한대는 상상할 수 없는 가장 커다란 괴물이니까요. 그러니까 이 수열의 합은 유한한 값이 되지 않습니다.

이번에는 다음과 같은 수열의 합을 보겠습니다.

$$1 + \frac{1}{2^2} + \frac{1}{3^2} + \frac{1}{4^2} + \frac{1}{5^2} + \frac{1}{6^2} + \frac{1}{7^2} + \frac{1}{8^2} + \cdots$$

이 수열 역시 나중에는 항의 분모가 점점 큰 수의 제곱으로 나눈 값이 됩니다.

예를 들어, 이 수열의 10000번째 항은 $\frac{1}{10000^2} = \frac{1}{100000000}$ 이 되어 아주 작은 소수가 됩니다. 물론 더 큰 항은 더 작아지지요. 그럼 이 수열을 끝없이 더한 결과는 유한한 수가 될까요? 결론부터 말하면 그렇습니다. 이제 이 수열의 합이 유한한 수가 되는 것을 보이겠습니다.

우선 다음과 같이 괄호를 넣어 봅시다.

$$1 + \left(\frac{1}{2^2} + \frac{1}{3^2} \right) + \left(\frac{1}{4^2} + \frac{1}{5^2} + \frac{1}{6^2} + \frac{1}{7^2} \right) + \cdots$$

첫 번째 괄호를 봅시다. 2^2과 3^2 중 어느 것이 더 큰가요?

— 3^2이 더 큽니다.

그렇다면 $\frac{1}{2^2}$과 $\frac{1}{3^2}$은 어느 것이 더 클까요?

— $\frac{1}{2^2}$이 더 큽니다.

이것을 $\frac{1}{3^2} < \frac{1}{2^2}$이라고 씁니다. 그러니까 다음 식이 성립합니다.

$$\frac{1}{2^2} + \frac{1}{3^2} < \frac{1}{2^2} + \frac{1}{2^2}$$

물론 $\frac{1}{2^2} + \frac{1}{2^2} = \frac{1}{2}$이므로 첫 번째 괄호는 $\frac{1}{2}$보다 작습니다.

이번에는 두 번째 괄호 안을 봅시다. $\frac{1}{4^2}$, $\frac{1}{5^2}$, $\frac{1}{6^2}$, $\frac{1}{7^2}$ 중에서 제일 큰 수는 뭔가요?

— $\frac{1}{4^2}$입니다.

그러니까 $\frac{1}{5^2} < \frac{1}{4^2}$, $\frac{1}{6^2} < \frac{1}{4^2}$, $\frac{1}{7^2} < \frac{1}{4^2}$이 됩니다. 그러므로 두 번째 괄호에서 $\frac{1}{5^2}$, $\frac{1}{6^2}$, $\frac{1}{7^2}$을 모두 $\frac{1}{4^2}$로 바꾸어 합한 것은 두 번째 괄호보다 큽니다.

$$\frac{1}{4^2} + \frac{1}{5^2} + \frac{1}{6^2} + \frac{1}{7^2} < \frac{1}{4^2} + \frac{1}{4^2} + \frac{1}{4^2} + \frac{1}{4^2}$$

여기에서 $\frac{1}{4^2} + \frac{1}{4^2} + \frac{1}{4^2} + \frac{1}{4^2} = \frac{1}{4}$ 이므로 다음 식이 성립합니다.

$$\frac{1}{4^2} + \frac{1}{5^2} + \frac{1}{6^2} + \frac{1}{7^2} < \frac{1}{4}$$

두 번째 괄호는 $\frac{1}{4}$ 보다 작아지는군요.

이런 방법으로 $\frac{1}{8^2}$ 부터 $\frac{1}{15^2}$ 까지의 합은 $\frac{1}{8}$ 보다 작아집니다. 그러므로 구하려고 하는 수열의 합은 다음 식을 만족합니다.

$$1 + \frac{1}{2^2} + \frac{1}{3^2} + \frac{1}{4^2} + \frac{1}{5^2} + \frac{1}{6^2} + \frac{1}{7^2} + \cdots < 1 + \frac{1}{2} + \frac{1}{4} + \frac{1}{8} + \cdots$$

오른쪽을 보면 제1항이 1이고 공비가 $\frac{1}{2}$ 인 등비수열의 합입니다. 이것은 앞에서 계산했듯이 2가 됩니다. 그러므로 다음 식이 성립하지요.

$$1 + \frac{1}{2^2} + \frac{1}{3^2} + \frac{1}{4^2} + \frac{1}{5^2} + \frac{1}{6^2} + \frac{1}{7^2} + \cdots < 2$$

구하려고 하는 수열의 합이 2보다 작군요. 그러니까 이 수열의 합은 유한한 값이 됩니다. 직접 값을 구할 순 없어도 이렇게 유추해 내는 방법이 있다는 게 신기하죠?

신기한 수열의 합

다음 수열의 합을 봅시다.

$$\frac{1}{2 \times 3} + \frac{1}{3 \times 4} + \frac{1}{4 \times 5} + \frac{1}{5 \times 6} + \cdots$$

이 수열의 합은 얼마일까요?

잠시 침묵이 흘렀다. 아무도 푸는 방법을 모르는 것 같았다.

분모가 이웃하는 두 자연수의 곱셈으로 되어 있지요? 이 곱셈을 계산할 필요는 없어요. 자! 이제 재미있는 등식을 찾아보겠어요.

$\frac{1}{2} - \frac{1}{3}$ 은 얼마이지요?

— $\frac{1}{6}$ 입니다.

$\frac{1}{3} - \frac{1}{4}$ 은 얼마이지요?

— $\frac{1}{12}$ 입니다.

$\frac{1}{4} - \frac{1}{5}$ 은 얼마이지요?

— $\frac{1}{20}$ 입니다.

분모를 봅시다.

6을 이웃하는 두 수의 곱으로 나타내 보세요.

2×3입니다.

12를 이웃하는 두 수의 곱으로 나타내 보세요.

3×4입니다.

20을 이웃하는 두 수의 곱으로 나타내 보세요.

4×5입니다.

그러니까 다음과 같습니다.

$$\frac{1}{2} - \frac{1}{3} = \frac{1}{2 \times 3}$$
$$\frac{1}{3} - \frac{1}{4} = \frac{1}{3 \times 4}$$
$$\frac{1}{4} - \frac{1}{5} = \frac{1}{4 \times 5}$$

재미있는 규칙이 나왔어요. 이것을 이용하여 구하려고 하는 수열의 합을 써 보면 다음과 같이 되지요.

$$\left(\frac{1}{2} - \frac{1}{3}\right) + \left(\frac{1}{3} - \frac{1}{4}\right) + \left(\frac{1}{4} - \frac{1}{5}\right) + \cdots$$

괄호를 없애도 되지요? 그럼 다음과 같이 됩니다.

$$\frac{1}{2} - \frac{1}{3} + \frac{1}{3} - \frac{1}{4} + \frac{1}{4} - \frac{1}{5} + \cdots$$

$\frac{1}{2}$에서 $\frac{1}{3}$을 빼고 다시 $\frac{1}{3}$을 더하면 $\frac{1}{2}$이 됩니다. 그러니까 다음과 같지요.

$$\frac{1}{2} - \frac{1}{3} + \frac{1}{3} = \frac{1}{2}$$

여기에서 $\frac{1}{4}$을 빼고 다시 $\frac{1}{4}$을 더해도 다시 $\frac{1}{2}$이 되지요? 즉, 다음과 같이 됩니다.

$$\frac{1}{2} - \frac{1}{3} + \frac{1}{3} - \frac{1}{4} + \frac{1}{4} = \frac{1}{2}$$

이런 식으로 같은 수를 빼고 다시 그 수를 더하면 합에 변화가 없으니까 구하는 수열의 합은 $\frac{1}{2}$입니다. 따라서 다음과 같지요.

$$\frac{1}{2} - \frac{1}{3} + \frac{1}{3} - \frac{1}{4} + \frac{1}{4} - \frac{1}{5} + \cdots = \frac{1}{2}$$

원주율을 수열로
나타낼 수 있을까요?

원주율을 수열의 합으로 나타낸다면 어떤 수열이 될까요?

9

마지막 수업

원주율을 수열로 나타낼 수 있을까요?

교. 과. 연. 계.	초등 수학 6-2	4. 원과 원기둥
	중등 수학 1-2	Ⅲ. 평면도형
	중등 수학 2-1	Ⅰ. 유리수와 근삿값
	중등 수학 3-1	Ⅰ. 제곱근과 실수

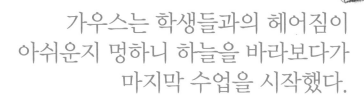

가우스는 학생들과의 헤어짐이
아쉬운지 멍하니 하늘을 바라보다가
마지막 수업을 시작했다.

학생들은 가우스와의 수업이 벌써 마지막이라는 것이 실감이 나지
않는 표정이었다.

어느덧 마지막 시간이 되었군요. 오늘은 먼저 원주율을 수
열의 합으로 나타내는 방법에 대해 알아보겠습니다. 우선 원
주율이 무엇인지 알아봅시다.

가우스는 동그란 딱지를 가지고 나왔다. 그리고 딱지의 둘레에 인
주를 묻히고 1바퀴를 돌려 종이에 직선을 그렸다.

이 딱지의 지름은 1cm입니다. 이 딱지의 둘레의 길이는 바로 딱지가 1바퀴 돌면서 그린 직선의 길이입니다.

가우스는 딱지가 1바퀴 돌면서 그린 직선의 길이를 재었다.

직선의 길이가 약 3.14cm이군요. 우리는 소수 둘째 자리까지 측정할 수 있는 자로 재었습니다.

이번에는 좀 더 큰 딱지로 실험해 보겠습니다.

가우스는 지름이 2cm인 딱지로 같은 실험을 했다.

이번에는 6.28cm가 나왔습니다. 딱지의 지름이 2cm이니까 딱지의 지름의 3.14배이군요.

이렇게 원의 둘레의 길이는 지름이 커질수록 커지는데 일정한 비율로 커집니다. 그 비례상수를 원주율이라고 하고 π라고 씁니다.

지름이 □인 원의 둘레의 길이는 $\pi \times$ □ 이다.

물론 우리가 좀 더 정확한 자로 측정하면 원주율은 무한소수가 됩니다. 그러니까 다음과 같지요.

$\pi = 3.141592\cdots$

이것은 앞에서 다루었던 순환소수와는 다릅니다. 그러니까 순환마디가 없지요. 이렇게 순환마디가 없는 무한소수는 분수로 나타낼 수 없습니다. 이런 수를 무리수라고 하지요.

이제 우리는 원주율 π를 수열의 합으로 나타내 보겠습니다.

먼저 1에서 $\frac{1}{3}$을 빼고 전체에 4배를 합니다. 그리고 소수 둘째 자리까지 계산해 봅니다.

$$4 \times \left(1 - \frac{1}{3}\right) = 2.67$$

괄호 안에 $\frac{1}{5}$ 을 더하고 $\frac{1}{7}$ 을 뺍니다.

$$4 \times \left(1 - \frac{1}{3} + \frac{1}{5} - \frac{1}{7}\right) = 2.90$$

괄호 안에 $\frac{1}{9}$ 을 더하고 $\frac{1}{11}$ 을 뺍니다.

$$4 \times \left(1 - \frac{1}{3} + \frac{1}{5} - \frac{1}{7} + \frac{1}{9} - \frac{1}{11}\right) = 2.98$$

괄호 안에 $\frac{1}{13}$ 을 더하고 $\frac{1}{15}$ 을 뺍니다.

$$4 \times \left(1 - \frac{1}{3} + \frac{1}{5} - \frac{1}{7} + \frac{1}{9} - \frac{1}{11} + \frac{1}{13} - \frac{1}{15}\right) = 3.02$$

괄호 안에 $\frac{1}{17}$ 을 더하고 $\frac{1}{19}$ 을 뺍니다.

$$4 \times \left(1 - \frac{1}{3} + \frac{1}{5} - \frac{1}{7} + \frac{1}{9} - \frac{1}{11} + \frac{1}{13} - \frac{1}{15} + \frac{1}{17} - \frac{1}{19}\right)$$
$$= 3.04$$

값이 점점 커지지요? 이런 방법에 의해 우리는 원주율 π 를 수열의 합으로 나타낼 수 있습니다. 하지만 굉장히 많은 항을 더해야 3.14에 도달할 수 있습니다.

가우스는 컴퓨터를 이용하여 이 수열의 합을 계산했다. 컴퓨터는 역시 사람보다 빨랐다. 잠시 후 3.14가 나타났다.

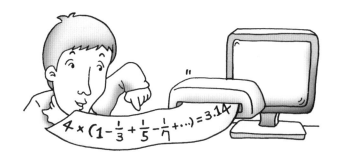

$$4 \times \left(1 - \frac{1}{3} + \frac{1}{5} - \frac{1}{7} + \cdots\right) = 3.14$$

3.14가 나타났지요? 이런 식으로 계속 더해 나가면 원주율을 더 정확하게 계산할 수 있답니다. 즉, 원주율을 수열의 합으로 나타내면 다음과 같습니다.

$$\pi = 4 \times \left(1 - \frac{1}{3} + \frac{1}{5} - \frac{1}{7} + \frac{1}{9} - \frac{1}{11} + \frac{1}{13} - \frac{1}{15} + \cdots\right)$$

괄호 안을 보면 홀수들의 역수를 1번은 더하고 1번은 빼는 규칙으로 되어 있다는 것을 알 수 있습니다. 컴퓨터는 이 규칙을 통해 원주율 π를 소수점 아래 1조 자리까지도 계산할 수 있습니다. 하지만 어떤 숫자들이 반복되는 일은 없습니다. 그러므로 원주율 π는 순환하지 않는 무한소수입니다. 그러니까 무리수이지요.

선생님, 오늘 간식은 피자예요.

오호~ 맛있겠군요.

그런데 피자…하니까 갑자기 원주율이 생각나네요. 돌비는 좀 더 정확한 원주율을 수열의 합으로 구할 수 있다는 걸 알고 있나요?

이런, 또 수열이에요? 당연히 모르죠.

간단해요. 1에서 홀수들의 역수를 더하고 빼는 것을 계속 반복한 후, 4를 곱하면 3.14에 가까워질 수 있답니다.

$$4 \times (1 - \frac{1}{3} + \frac{1}{5} - \frac{1}{7} + \frac{1}{9} - \frac{1}{11} \cdots)$$

물론 굉장히 많은 항을 더해야 구할 수 있지만 원주율 π를 수열의 합으로 나타낼 수가 있는 것이죠.

그렇군요.

수열의 합을 이용해서 계속 계산해 나가면 3.14보다 더욱 정확한 원주율도 구할 수 있어요.

네. 그런데요, 선생님!

뭐죠?

피자가 다 식어 버렸잖아요.

다시 데워 와요.

시퀀스피아
대모험

이 글은 저자가 창작한 과학 동화입니다.

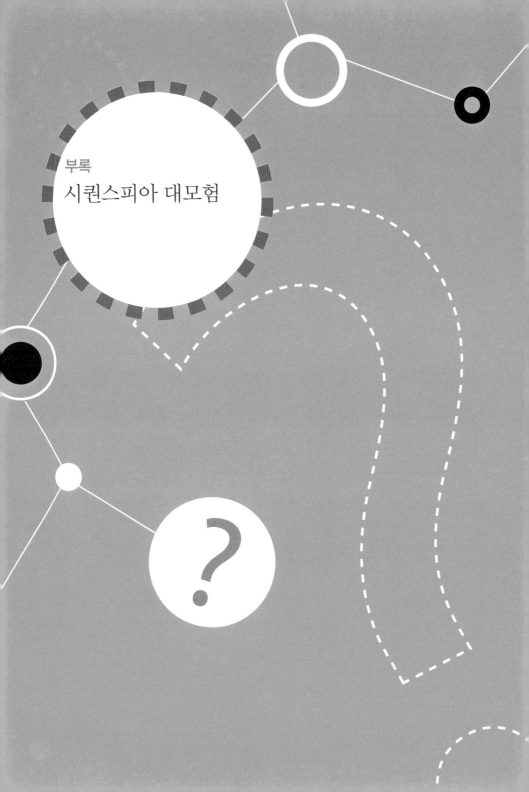

부록

시퀀스피아 대모험

코시는 아버지와
단둘이 삽니다.

코시가 태어나자마자 어머니가 돌아가셨기 때문입니다. 코시의 아버지는 금속 공장에서 일을 하시다가 갑자기 원인 모를 병에 걸려 의식을 잃고 매일 누워 지내십니다. 이제 코시네 집에는 돈을 버는 사람이 없습니다. 나라에서 나오는 기초 생활비로 두 사람이 살아가고 있습니다. 하지만 그 돈으로는 아버지의 병원비를 낼 수 없었습니다.

어느 날 의사 선생님이 코시를 불렀습니다.

"아버지의 병은 고칠 수 없을 것 같다. 미안하구나, 코시."

의사 선생님이 말했습니다.

"안 돼요. 저는 아버지를 꼭 살릴 거예요."

코시는 이렇게 말하고 자리에 주저앉아 울었습니다.

"1가지 방법이 있긴 한데……."

"그게 뭐죠?"

"아버지는 중금속인 티타나이움에 중독되신 거야. 그 금속을 몸에서 분해시키려면 안타나이움이라는 금속이 필요한데……."

"그럼 안타나이움을 사용하면 되잖아요?"

"그게 말이야……."

의사 선생님은 더 이상 말을 잇지 못했습니다.

"살려 주세요, 의사 선생님. 약값은 제가 어른이 되어 평생 갚아 드릴게요."

"돈이 문제가 아니라 안타나이움은 지구에 없어. 내가 알기로는 시퀸스피아 행성에만 있는 걸로 알고 있거든."

"거기가 어디죠?"

"우리 은하의 중심 쪽에 있는 조그만 행성이지."

"제가 구해 오겠어요."

코시는 의사 선생님과 헤어지고 여자 친구인 네티와 함께 시퀸스피아라는 행성을 찾아갑니다. 시퀸스피아는 지구에서 조금 떨어진 우리 은하 중심의 행성입니다.

드디어 두 사람이 탄 로켓은 지구를 떠나 궁수자리 방향으로 향했습니다. 그 방향으로 가면 시퀸스피아가 나타나기 때문이지요. 거의 빛의 속력으로 날아갔기 때문에 두 사람이 탄 로켓은 순식간에 시퀸스피아에 착륙했습니다.

시퀸스피아는 보랏빛 태양이 비치는 아름다운 행성이었습니다.

"사람들이 안 보여. 어디에 있는 거지?"

주위를 둘러보던 네티가 말했습니다.

"글쎄."

코시가 주위의 흙을 만지작거리면서 말했습니다.

그때 이상하게 생긴 곤충 1마리가 두 사람 앞에 나타났습니다. 그 곤충은 축구공만 한 크기로 머리 위에 프로펠러가 있었습니다.

"수열의 나라 시퀀스피아에 오신 걸 환영합니다. 저는 시퀀스피아의 안내를 맡고 있는 로봇, 시릭입니다."

시릭이 말했습니다.

"안타나이움을 찾고 있어요. 이 행성에 있다고 들었는데, 어디 있죠?"

코시가 물었습니다.

"안타나이움은 저의 주인님이자 시퀀스피아의 제왕이신 가우시아 대왕님만이 가지고 있습니다."

"대왕님이 어디 계시죠?"

"대왕님은 수열을 좋아하십니다. 그러니까 대왕님을 만나기 위해서는 4개의 관문을 통과해야 합니다. 하나의 관문을 통과할 때마다 여러분은 숫자 구슬을 하나씩 받게 됩니다. 여러분이 4개의 숫자 구슬을 모두 얻어야 대왕님을 만날 수 있습니다."

"해 볼게요."

"저를 따라오세요."

시릭이 말했습니다. 두 사람은 시릭이 가리키는 곳으로 걸어갔습니다. 잠시 후 8층짜리 조그만 탑이 두 사람 앞에 나타났습니다. 각 층마다 유리창이 3개씩 있었는데 7층의 두 유리창에는 숫자가 씌어 있지 않았습니다.

"비어 있는 유리창에 알맞은 숫자를 쓰세요. 이것이 첫 번째 관문입니다."

시릭은 이렇게 말하고 사라졌습니다.

"가운데 줄은 모두 3이잖아? 그리고 세 번째는 1, 0, 1, 0, …으로 변하니까 0을 쓰면 될 것 같아."

네티는 이렇게 말하면서 빈 유리창에 3과 0을 쓰려고 탑에 다가갔습니다.

"네티! 그게 아닌 것 같아."

코시가 소리쳤습니다.

"왜 아니라는 거지?"

"1층과 2층의 세 번째 칸은 모두 1이야. 그러니까 모든 층의 세 번째 칸이 1, 0, 1, 0, …으로 변하는 게 아니라고."

"혹시 잘못 써 놓은 게 아닐까?"

네티가 자신 없는 표정으로 말했습니다. 코시는 아무리 해도 수들 사이의 규칙을 찾을 수가 없었습니다. 그래서 두 번째 칸과 세 번째 칸의 수들을 바닥에 써 보았습니다.

(두 번째) 3 ? 3 3 3 3 3 3
(세 번째) 1 ? 1 0 1 0 1 1

"도대체 무슨 규칙이지?"

코시가 혼자 중얼거리며 땀을 닦으려고 손수건을 꺼냈습니다. 그때 손수건과 함께 코시의 작은 수첩이 땅에 떨어지면서 1년 달력이 있는 페이지가 눈앞에 펼쳐졌습니다.

"바로 이거였어."

코시는 달려가서 2개의 숫자를 썼습니다.

"왜 갑자기 2가 나타나는 거지?"

네티가 물었습니다.

"저건 1월부터 8월까지의 날수야. 1월에는 31일까지 있으니까 131이고 4월은 30일까지 있으니까 430이야. 그리고 7월과 8월은 31일까지 있으니까 731, 831이 된 거라고. 그러니까 2월에는 28일까지 있으니까 228이 답이야."

코시가 자세히 설명해 주었습니다. 그때 건물에서 조그만 숫자 구슬이 떨어졌습니다. 1번이었습니다.

　첫 번째 관문을 통과한 두 사람은 다시 길을 갔습니다. 두 사람 앞에 다시 황량한 벌판이 이어졌습니다. 태양에 반사된 빛 때문에 벌판은 온통 보라색이었습니다. 으스스한 느낌이 들었지만 코시와 네티는 바닥에 표시되어 있는 화살표를 따라갔습니다.

　"저길 봐!"

　네티가 하늘을 바라보며 소리쳤습니다. 하늘 위에 구름처

럼 떠 있는 집이 보였습니다.

그때 시릭이 다시 나타났습니다.

"저 집이 바로 여러분의 두 번째 관문입니다."

"하지만 어떻게 올라가죠?"

코시가 물었습니다. 그때 정사각형 모양의 커다란 종이 1장이 바닥에 떨어졌습니다.

"이게 뭐죠?"

"여러분이 사용할 재료입니다. 이 종이를 이용하여 저 집에 올라가면 됩니다."

시릭이 다시 사라졌습니다.

"도대체 이 종이 1장으로 뭘 하라는 거지?"

네티가 종이 위를 밟으며 말했습니다. 코시는 멍하니 어딘가를 바라보며 생각에 잠겨 있었습니다. 한참 후 코시가 소리쳤습니다.

"네티, 됐어."

"뭐가?"

"이 큰 종이를 자꾸 반으로 접는 거야. 그럼 나중에는 엄청 두꺼워져서 저 집까지 닿을 수 있을 거야."

"어떻게 그렇게 되지?"

"등비수열을 이용하는 거야. 이 종이의 두께가 1mm라고 해 봐. 반으로 접으면 이 두께의 2배가 되고, 다시 반으로 접으면 4배가 되고, 다시 반으로 접으면 8배,⋯ 이런 식으로 되거든. 그러니까 이 종이를 20번 접으면 처음 두께의 2^{20}배가 될 거야. 2^{20}은 2를 20번 곱한 수이니까 2를 10번 곱한 수를 2번 곱했다고 생각할 수 있어. 2를 10번 곱한 수는 2^{10}이고, 이것은 1024이니까 대충 1000이라고 해 봐. 그럼 2^{20}은 대충 1000000 정도가 되지. 그러니까 처음 두께의 약 1000000배이면 1000m 정도이거든. 그러니까 저 집까지 올라갈 수 있어."

"와, 종이 하나를 접어 1000m를 만들다니 신기해."

"그게 등비수열의 위력이야."

두 사람은 종이를 접기 시작했습니다. 지구의 종이와는 다르게 접힌 부분을 구별할 수 없을 정도로 깔끔하게 접히는 종이였습니다. 두 사람은 종이를 20번 접었습니다.

그러자 신기하게도 종이를 접어 만든 탑이 하늘 위의 집까지 닿을 수 있었습니다. 두 사람은 종이 탑을 타고 집으로 올라갔습니다. 공중에 떠 있는 집에 8이 써 있는 숫자 구슬이 있었습

니다. 그때 시릭이 다시 나타났습니다.

"두 번째 관문을 통과한 걸 축하합니다."

시릭이 밝게 웃으며 말했습니다.

"다음 관문은 뭐죠?"

코시가 자신에 찬 표정으로 물었습니다.

"오늘은 늦었으니까 이 집에서 주무세요. 내일 아침에 세 번째 관문을 알려 드릴게요."

시릭은 이렇게 말하고 사라졌습니다. 두 사람은 땅에서 1km 높이에 떠 있는 집에서 아름다운 초록 태양이 저물어 가는 모습을 보면서 지쳐 잠이 들었습니다.

다음 날 아침 눈을 떠 보니 두 사람이 누워 있던 곳은 공중이 아니라 벌판 한가운데였습니다. 공중에 있던 집도 더 이상 보이지 않았습니다.

"잘 잤나요? 세 번째 관문으로 가야죠?"

시릭이 부드럽게 미소를 지으며 말했습니다.

"빨리 가요."

코시가 재촉했습니다.

시릭의 입에서 분홍빛 연기가 나와 코시와 네티의 몸에 뿌려졌습니다. 두 사람은 잠시 정신을 잃었습니다. 잠시 후 눈을 떴을 때 두 사람은 텅 빈 방에 서 있었습니다. 갑자기 벽에

있는 화면이 켜지더니 시릭이 나타났습니다.

"여러분이 해결해야 할 세 번째 관문입니다."

"어떤 문제이죠?"

코시가 물었습니다.

"조금 복잡한 문제가 될 것입니다."

시릭의 얼굴이 일그러지더니 눈, 코, 입이 사라지고 컴퓨터의 모니터처럼 네모로 변했습니다.

시릭의 목소리가 배에서 들려왔습니다.

"내 얼굴을 주목하세요. 내 얼굴에는 9개의 전구가 있습니다. 전구가 모두 꺼져 있으면 0을 나타냅니다. 이제 이 전구를

가지고 수를 만들어 보겠어요. 지금 보여 주는 것은 1이에요."

"이번에는 2와 3을 보여 주겠어요."

"뭐야, 너무 간단하잖아?"

네티가 소리쳤습니다.

"이번에는 5를 보여 주겠어요."

"전구가 2개밖에 안 켜졌는데 저게 왜 5가 되지?"

네티가 놀란 표정으로 소리쳤습니다. 코시는 전구가 켜진

위치를 종이에 그리고 있었습니다.

"이번에는 6이에요."

"이번에는 8이에요."

"맨 아래 줄에 있는 전구는 한 번도 켜진 적이 없어."

네티가 말했습니다.

"좀 더 큰 수가 나올 때 켜질 거야."

이리저리 계산을 해 보던 코시가 말했습니다. 그 소리를 들은 시릭은 조금 당황한 표정을 지었습니다.

"세 번째 전구가 켜지는 수도 보여 주세요."

코시가 자신 있게 소리쳤습니다.

"마지막 힌트요. 17을 보여 주겠어요."

"정말 큰 수가 나오니까 세 번째 줄 전구에 불이 들어왔어."

네티가 신기한 듯 소리쳤습니다.

"문제가 뭐죠?"

코시가 물었습니다.

"이제 내 얼굴에 켜진 전구들이 나타내는 수를 알아맞히면 됩니다."

시릭은 이렇게 말하면서 화면을 바꾸었습니다.

"도대체 어떤 규칙이 있다는 거지?"

네티가 답답한 표정으로 말했습니다.

"첫 줄에만 불이 켜진 경우를 봐. 하나의 불이 켜질 때 1씩

커지지?"

"그건 나도 알아. 하지만 두 번째 줄에 전구가 켜질 때는?"

"두 번째 전구가 하나 켜질 때는 1이 아니라 더 큰 수를 나타낼 거야."

"무슨 뜻이지?"

"두 번째 줄 전구가 2개 켜졌을 때 8이 되잖아? 그러니까 두 번째 줄 전구 하나가 켜지면 4를 나타내는 거야."

"아하, 그래서 첫 번째 줄 전구 하나와 두 번째 줄 전구 하

나가 켜지면 1 + 4 = 5가 되었군."

"그래, 이제 규칙을 찾았어."

"그럼 세 번째 줄 전구가 켜질 때는?"

"세 번째 줄 전구가 켜진 경우는 다음과 같아. 첫 번째 줄 전구가 하나 켜지면 1을 나타내니까 세 번째 전구 하나가 켜지면 16을 나타내는 거야. 그래서 1 + 16 = 17이 된 거지. 첫 번째 줄 전구 하나는 1을, 두 번째 줄 전구 하나는 4를, 세 번째 줄

전구 하나는 16을 나타내는군."

네티도 규칙을 이해했습니다.

두 사람은 시릭의 얼굴을 쳐다보았습니다.

"간단하군. 1이 2개, 4가 1개, 16이 2개이니까 이 수는 1+1+4+16+16=38이야."

코시가 자신감 넘치는 표정으로 말했습니다. 그때 시릭의 얼굴이 코끼리처럼 긴 코를 가진 모습으로 변했습니다. 그리고 긴 코에서 17이라고 쓴 숫자 구슬이 나오고 시릭은 사라졌습니다.

이제 코시와 네티가 마지막 관문만 통과하면 코시는 아버지의 병을 고칠 수 있게 됩니다. 두 사람은 시릭을 찾았습니다. 하지만 시릭의 모습은 보이지 않았습니다.

갑자기 하늘에서 동그란 얼굴에 꼬리만 달린 이상한 동물이 나타났습니다. 그 동물은 움직일 때마다 꼬리에서 황금빛

줄이 나왔습니다.

"넌 누구지?"

코시가 물었습니다.

"나는 줄줄이라고 불러."

조그만 동물이 대답했습니다.

"시릭은 어디 있는 거지?"

코시가 물었습니다.

"시릭 님은 오늘 몸이 좀 안 좋으셔. 그래서 내가 대신 온 거야. 마지막 문제는 내가 낼 거야."

"문제를 빨리 내 줘."

"내가 움직이면 움직인 만큼 꼬리에서 줄이 나와. 그래서

내 이름이 줄줄이야. 이번 문제는 간단해. 나는 팔다리가 없어서 공처럼 바닥에 부딪쳐 튀어오를 수 있거든. 내가 1m 높이에서 땅으로 내려갔다가 다시 튀어올랐다가 다시 내려갔다가 이런 식으로 무한히 반복할 거야. 그럼 움직인 거리는 모두 몇 m가 될까?”

“무한히 왔다 갔다 하면 무한대의 길이가 되는 거 아닌가?” 코시가 물었습니다.

“아, 나는 땅에 1번 부딪치고 나면 부딪치기 전의 높이의 절반까지만 올라갈 수 있어. 그러니까 내가 올라갈 수 있는 높이는 점점 낮아지게 되지.”

"처음은 1m이고, 다음은 1m의 반인 $\frac{1}{2}$m가 되고, 그 다음에는 $\frac{1}{2}$m의 반인 $\frac{1}{4}$m, … 이런 식으로 되겠군."

"이제 나의 쇼를 보여 주지."

바닥으로부터 1m 높이에 멈춰 있던 줄줄이가 바닥으로 떨어졌습니다. 1m의 황금빛 줄이 허공에 나타났습니다. 줄줄이가 오르락내리락하면서 황금빛 줄은 점점 길어졌습니다. 그때 네티가 황금빛 줄을 잡으러 뛰어갔습니다.

"코시! 내가 저 줄을 모두 모아서 줄의 길이를 재어 볼게."

네티가 소리쳤습니다.

"그건 안 돼. 줄줄이는 무한 번 바닥에 부딪힐 거야. 그런 식으로는 움직인 거리를 잴 수 없어."

"그럼 답이 무한대야?"

"그렇진 않을 것 같아. 점점 움직인 거리가 짧아지거든. 그러다가 나중에는 튀어 오르면서 만든 줄의 길이가 거의 0에 가까워지게 되니 움직인 거리도 거의 0이 되겠지."

"그럼 어떻게 움직인 거리를 구하지?"

"아무래도 수열의 원리를 써야겠어."

"어떻게?"

"처음에는 내려오기만 하니까 움직인 거리는 1m이고 다음부터는 올라갔다 내려오니까 올라간 높이의 2배 만큼을 움직

이게 되지."

코시는 줄줄이에게서 나온 줄을 그림으로 그렸습니다.

"그러니까 움직인 거리는 $1 + 2 \times \left(\dfrac{1}{2} + \dfrac{1}{4} + \dfrac{1}{8} + \cdots \right)$이 되거든. 이것을 계산하면 돼."

"끝없이 더해지는데 계산이 돼?"

"$\dfrac{1}{2} + \dfrac{1}{4} + \dfrac{1}{8} + \cdots$은 첫 번째 항이 $\dfrac{1}{2}$이고 공비가 $\dfrac{1}{2}$인 무한등비수열의 합이니까 $\dfrac{1}{2} \div \left(1 - \dfrac{1}{2} \right) = 1$이 되지. 그러니까 전체 움직인 거리는 $1 + 2 \times 1$이 되어 3m야."

"축하해요, 코시! 당신들은 마지막 관문을 통과했어요. 마지막 숫자 구슬을 주겠어요."

마지막 숫자 구슬은 28이었습니다.

"이제 대왕님을 만나게 해 주세요."

코시가 말했습니다.

"알겠어요."

줄줄이는 두 사람을 황금빛 줄로 감았습니다. 잠시 후 두 사람 앞에는 황금빛 궁전이 나타났습니다.

"여기가 어디지?"

네티가 물었습니다. 그때 하늘에서 천둥 소리처럼 크게 울려 퍼지는 소리가 들렸습니다.

"나는 시퀀스피아의 가우시아 대왕이다."

"어디서 소리가 나는 거지?"

코시는 주위를 둘러보았습니다. 하지만 아무도 없었습니다.

"이제 마지막 관문을 통과하면 안타나이움을 주겠다."

다시 커다란 목소리가 하늘을 갈랐습니다.

"우리는 약속한 대로 4개의 관문을 통과했어요. 그런데 마지막 관문이라니요?"

코시가 하늘을 향해 따지듯이 말했습니다.

"4개의 숫자 구슬을 자기고 궁궐 안으로 들어오너라."

가우시아 대왕이 말했습니다. 두 사람은 황금빛 궁궐 안으로 들어갔습니다. 궁궐 안에는 2개의 조그만 돌 침대가 가운데 나란히 있고 4개의 기둥이 동서남북 방향으로 돌 침대를 에워싸고 있었습니다.

"4개의 숫자 구슬을 4개의 기둥에 꽂아라."

다시 가우시아 대왕의 목소리가 들렸습니다.

코시와 네티는 1, 8, 17, 28이 적힌 4개의 숫자 구슬을 네

개의 기둥에 꽂았습니다. 마지막 구슬을 꽂는 순간 돌 침대 바로 위쪽 천장의 원형 구멍이 열리면서 구멍을 통해 초록빛이 아래로 내려왔습니다.

"돌 침대에 누워라."

가우시아의 명령이었습니다. 코시와 네티는 가우시아 대왕이 시키는 대로 하였습니다. 안타나이움을 얻기 위해서는 어쩔 수 없었기 때문이었습니다. 네티는 많이 두려운지 코시의 손을 꼭 잡았습니다. 초록빛을 받은 두 사람의 모습은 나뭇잎 같아 보였습니다.

"이제 안타나이움을 주세요."

코시가 약간 긴장한 모습으로 말했습니다.

"너희들이 가지고 온 4개의 숫자 구슬 다음의 수를 맞히면 안타나이움을 줄 것이다. 하지만 못 맞히면 구멍에서 수많은 숫자 구슬들이 너희를 향해 떨어지게 될 것이다."

"무서워, 코시!"

가우시아 대왕의 말이 끝나기 무섭게 네티는 겁에 질려 두 눈을 꼭 감고 있었습니다.

"코시, 어떡하지?"

네티가 물었습니다.

"1, 8, 17, 28··· 이 다음 수는 뭘까?"

코시는 4개의 수를 계속 중얼거렸습니다.

시간이 한참 흘렀습니다.

"이제 시간이 다 되어 가는군!"

가우시아 대왕의 목소리였습니다. 순간 구멍에 커다란 대
포의 몸통이 나타났습니다."

"저 대포로 숫자 구슬을 우리에게 쏠 건가 봐."

네티가 울먹거렸습니다. 하지만 코시는 수의 규칙을 찾는
데 집중하고 있었습니다.

"찾았어, 네티!"

코시가 소리쳤습니다.

"이 수열은 계차수열이야. 1과 8은 7의 차이, 8과 17은 9의

차이, 17과 28은 11의 차이가 나거든. 차이가 7, 9, 11로 변하잖아? 그러니까 28과 그 다음 수와의 차이는 13이야. 그러니까 28보다 13 큰 수가 답이야."

코시가 말했습니다.

"41!"

네티가 소리쳤습니다.

순간 대포에서 황금빛으로 빛나는 조그만 보석 하나가 떨어졌습니다.

"축하한다! 그것이 바로 안타나이움이다."

가우시아의 목소리가 들렸습니다.

갑자기 공간이 뒤틀리기 시작했습니다. 잠시 후 코시와 네티는 로켓 안에 있었습니다. 가우시아 대왕이 두 사람을 시공간 이동시킨 것이었습니다. 저 멀리 시퀸스피아 행성이 작게 보였습니다. 조종석 화면에 당나귀 귀에 돼지의 코를 가진 동물이 나타났습니다.

"나는 가우시아 대왕이다. 안타나이움을 좋은 일에 쓰지 않으면 불행이 올 것이다."

두 사람은 가우시아 대왕의 우스꽝스러운 외모를 보고 웃었습니다.

코시는 지구에 도착하자마자 병원으로 달려갔습니다.

"의사 선생님! 안타나이움을 가지고 왔어요."

코시가 말했습니다. 의사 선생님은 코시가 구해 온 안타나이움을 녹여 코시 아버지의 몸에 넣었습니다.

"내가 왜 여기 누워 있지?"

코시의 아버지가 깨어났습니다. 코시의 용감한 모험 덕분에 코시의 아버지는 살 수 있었습니다.

수학의 왕자, 가우스

Johann Carl Friedrich Gauss, 1777~1855

　수학에 큰 업적을 남긴 가우스는 독일에서 1777년 가난한 집안의 외아들로 태어났습니다. 어릴 때부터 수학에 재능을 보였던 가우스는 9살 때 선생님이 1부터 100까지 더하라고 하자 얼마 지나지 않아 배우지도 않은 등차수열의 원리를 이용해 문제를 해결해 주위를 놀라게 했습니다.

　가우스는 고등학생 때 이미 최소 제곱법, 정수론에 관하여 자신만의 수학적 업적을 이루었고, 19살에는 2,000년 동안 삼각자와 컴퍼스만으로는 그리는 것이 불가능하다고 믿었던 17각형을 그려 내면서 수학적 연구를 본격적으로 시작하게 됩니다.

하지만 가우스는 현대 수학과 물리뿐만 아니라 과학 기술 발전에도 큰 기여를 했어요. 1801년 소행성 '케레스'가 발견되자 가우스가 케레스의 궤도를 계산해 내었습니다. 그 실력을 인정받아 1807년에는 괴팅겐 대학 교수 및 천문대장으로 임명됩니다.

가우스는 스스로에게 엄격하여 한 번 연구를 시작하면 거의 먹지도 않고, 잠도 자지 않으면서 연구에만 몰두하였다고 합니다. 또한 연구한 내용이 만족스럽지 않으면 연구한 내용을 발표하지도 않았다고 합니다. 이 때문에 가우스가 살아 있을 때 발표한 내용은 그가 연구한 수많은 부분의 극히 일부였다고 합니다.

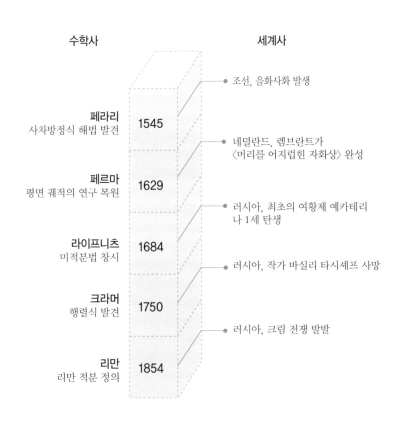

수학사		세계사
		● 조선, 을화사화 발생
페라리 사차방정식 해법 발견	**1545**	
		● 네덜란드, 렘브란트가 〈머리를 어지럽힌 자화상〉 완성
페르마 평면 궤적의 연구 복원	**1629**	
		● 러시아, 최초의 여황제 예카테리 나 1세 탄생
라이프니츠 미적분법 창시	**1684**	
		● 러시아, 작가 바실리 타시셰프 사망
크라머 행렬식 발견	**1750**	
		● 러시아, 크림 전쟁 발발
리만 리만 적분 정의	**1854**	

1. 어떤 규칙을 가지고 배열되어 있는 수들을 ☐☐ 이라고 합니다.
2. 두 수의 비가 일정한 값이 되는 수열을 ☐☐ 수열이라고 하고 그 일정한 비의 값을 ☐☐ 라고 합니다.
3. 1, 1, 2, 3, 5, 8, …은 ☐☐☐☐ 수열이라고 합니다.
4. 이웃 항의 차이가 수열을 이루는 것을 ☐☐ 수열이라고 합니다.
5. 소수점 뒤로 숫자가 끝없이 이어지는 소수를 ☐☐☐☐ 라고 합니다.
6. 순환소수에서 반복적으로 나타나는 같은 숫자를 ☐☐☐☐ 라고 합니다.
7. 원의 둘레의 길이는 지름이 커질수록 커지는데 일정한 비율로 커집니다. 그 비례상수를 ☐☐☐ 이라고 하고, π라고 씁니다.

수열이란 수들이 일정한 규칙을 따라서 배열되어 있는 것을 말합니다. 이때 수들 사이의 차이가 일정하면 등차수열이라고 하고, 수들 사이의 비가 일정하면 등비수열이라고 부릅니다.

현대 금융에서 사용되는 수학은 바로 수열과 관계있습니다.

예를 들어, 100원을 연이율 2%의 이자로 저축할 때 10년 뒤에 받게 되는 원리 합계는 얼마일까요? 원리 합계란 원금과 이자를 모두 합친 금액입니다.

100원을 은행에 넣으면 1년 후에는 100×0.02의 이자가 붙으므로 1년 후 원리 합계는 $100 + 100 \times 0.02$이 되고, 분배 법칙을 쓰면 $100 \times (1 + 0.02)$이 됩니다.

2년 후에는 $100 \times (1 + 0.02)$에 대한 이자가 붙으므로 원리 합계는 $100 \times (1 + 0.02) \times (1 + 0.02) = 100 \times (1 + 0.02)^2$이 됩

니다.

　이런 식으로 하면 10년 후에 받게 되는 원리 합계는 $100 \times (1+0.2)^{10}$이 됩니다. 즉, 이 경우 매년 말의 원리 합계는 공비가 $(1+0.2)$인 등비수열을 이루게 됩니다. 그러므로 원금이 a원이고 연이율이 r일 때, n년 후의 원리 합계는 $a \times (1+r)^n$이 됩니다.

　바로 이 공식을 이용하면 정기 적금의 원리 합계를 구할 수 있습니다. 매달 a원씩 12개월 동안 적금을 부을 경우 총 예금액을 구할 수 있습니다. 이때 월이율을 r이라고 하면 첫 달에 넣은 a원은 12개월 동안의 이자가 붙어 $a \times (1+r)^{12}$가 되고 두 번째 달에 넣은 a원은 11개월 동안의 이자가 붙어 $a \times (1+r)^{11}$이 됩니다.

　이런 식으로 하면 11개월 째 넣은 a원은 2개월 동안의 이자가 붙어 $a \times (1+r)^2$이 되고 12개월 째 넣은 a원은 1달 동안의 이자가 붙어 $a \times (1+r)$이 됩니다. 그러므로 12개월 후에 받게 될 예금 총액은 $a \times (1+r) + a \times (1+r)^2 + \cdots + a \times (1+r)^{12}$이 됩니다.

찾 아 보 기

어디에 어떤 내용이?

ㄱ

거듭제곱 26, 69, 70, 72, 95

계차수열 48, 51, 52, 55

공비 24

공차 12

ㄷ

등비수열 24, 26, 28, 68, 83,
98, 105

등비수열의 합 68, 71, 73,
81, 111

등차수열 12, 15, 18, 61, 63

등차수열의 합 61, 68

ㅁ

무리수 121, 123

무한대(∞) 80, 105, 107, 109

무한소수 94, 97, 98, 99,
121

ㅂ

번분수 41

분수 94, 96, 97, 99

ㅅ

소수 94, 97

수열 12, 23, 25, 37, 47, 55,
63, 106, 109, 111, 119, 121

순환마디 97, 100

순환소수 94, 96, 98, 100

ㅇ

원주율 119, 121, 122, 123

유한소수 94

ㅈ

지수법칙 70

ㅍ

π 121, 122, 123

피보나치 33, 37

피보나치수열 33, 37, 39, 42

ㅎ

항 13

황금 분할 43

황금 비율 43